目次

はじめに ……………………………………………………………………… 4

凡例 …………………………………………………………………………… 5

第1章　コンテナとは ……………………………………………………… 7
　1.1　コンテナのメリット …………………………………………………… 9
　1.2　コンテナのデメリット ………………………………………………… 11
　1.3　Linux におけるコンテナ ……………………………………………… 11

第2章　本書で使うソフトウェアのインストール ……………………… 14
　2.1　Docker …………………………………………………………………… 14
　2.2　LXD ……………………………………………………………………… 14
　2.3　LXC ……………………………………………………………………… 16
　2.4　libcap …………………………………………………………………… 19

第3章　Linux コンテナで使うセキュリティ機能 ……………………… 20
　3.1　ユーザー管理 …………………………………………………………… 20
　3.2　User Namespace ………………………………………………………… 20
　3.3　ファイルの所有権とパーミッション ………………………………… 23
　3.4　ケーパビリティー ……………………………………………………… 24
　3.5　Seccomp ………………………………………………………………… 25
　3.6　LSM を使った強制アクセス制御 ……………………………………… 25
　3.7　Namespace と cgroup …………………………………………………… 26
　3.8　Namespace を確認する実装 …………………………………………… 27
　3.9　prlimit …………………………………………………………………… 30
　3.10　sysctl パラメーター …………………………………………………… 31
　3.11　プロセスの no_new_privs ビット …………………………………… 32
　3.12　リードオンリーマウント ……………………………………………… 34

第4章　ケーパビリティー ………………………………………………… 38
　4.1　ping コマンドと ICMP ソケット ……………………………………… 38
　4.2　setuid …………………………………………………………………… 39
　4.3　ケーパビリティー ……………………………………………………… 40
　4.4　プロセスのケーパビリティー ………………………………………… 43
　4.5　ファイルケーパビリティー …………………………………………… 47

4.6	プログラム実行時のケーパビリティー	49
4.7	Ambientケーパビリティー	50
4.8	バウンディングセット（Capability Bounding Set）	54

第5章	User Namespaceとファイルケーパビリティー	58
5.1	4.13カーネル以前のUser Namespace内のファイルケーパビリティー	58
5.2	4.14カーネル以降のUser Namespace内のファイルケーパビリティー	59
5.3	カーネルデータ構造の変更	62
5.4	Namespace外からNamespace内で使うファイルケーパビリティーを確認・設定する	64
5.5	参考文献	67

第6章	Seccomp	68
6.1	システムコール	68
6.2	Seccomp	69
6.3	DockerでのSeccompの利用	71
6.4	LXCでのSeccompの利用	72
6.5	非特権コンテナが行う操作	74
6.6	Seccomp notify	75
6.7	LXDでのSeccomp notify機能の実装	77

あとがき	83

はじめに

　2013年にDockerがリリースされ、Linuxにおけるコンテナが脚光を浴びるようになりました。そのLinuxコンテナは一時的な流行とはならず、最近では話題はコンテナそのものよりもコンテナをどう運用していくかというステージに入っています。それに伴い話題の中心はオーケストレーションに移っています。

　つまり、コンテナがプロダクション環境で使われるステージに入り、さまざまなシステムがコンテナ上で稼働するようになってきたわけです。活用が進むにつれ、色々な要件がコンテナに求められるようになるでしょう。その要件を満たす機能がLinuxコンテナにあるのか、それ以前に開発するシステムはコンテナ上で動かすのが適当なのかどうかを判断するには、Linuxコンテナの基本的な機能を理解することが必要になるでしょう。

　Linuxにおけるコンテナは、Linuxカーネルに実装されています。しかし、「コンテナ」というひとつの機能として実装されているわけではなく、多数の機能を組み合わせてコンテナが作られています。これらの機能はコンテナ専用の機能というわけではなく、単一の機能として使える機能がたくさんあります。

　本書では、このLinuxカーネルに多数実装されている機能のうち、コンテナ実行時のセキュリティを確保するために使われる機能を紹介します。

　本書の第1巻として、Namespaceとネットワーク機能を紹介した『Linux Container Book』を、第2巻としてcgroup v1を紹介した『Linux Container Book 2』を出版しました。本書でも第1章でコンテナとは何か？について説明しますが、この部分はこの第1巻、第2巻と同じ内容です。初めて本書から読み始めた方のためにコンテナの基本を説明しますが、第1巻、第2巻をすでにご覧いただいている方は飛ばしてもらっても問題ありません。

　そして、第1巻、第2巻は、コンテナの主要機能を紹介するという意味から、Namespaceやcgroup v1の持つ機能をなるべく網羅的に取り上げました。しかし、本書は、第1巻、第2巻とは異なり、コンテナで使われるセキュリティ機能を網羅的に説明するのではなく、他ではあまり詳細に紹介されない機能や、セキュリティを担保しつつも利便性を高める工夫がなされた機能など、筆者が興味を持った機能を中心に紹介します。そのため、少し偏っていて、一部の機能しか載っていないように見えるかもしれません。

　紹介する機能については、実行例を入れるなど、なるべく丁寧に説明するようにしました。その機能を、実際のコンテナを活用する際にどのように応用するのか、どのように悪用されるのを何を使って防ぐのかといった視点からの説明については、本書では物足りない部分があるかもしれません。

　本書執筆時点では、**「コンテナセキュリティ」**というタイトルで、コンテナのセキュリティにフォーカスした良書が複数刊行されています。コンテナのセキュリティをどう高めていくかという実用的な側面については、それらの書籍に譲ります。

　第1巻と第2巻では、特定のコンテナランタイムを使わずに、Linuxにインストールされている基本的なコマンドのみを使って機能の説明を行いました。しかし本書では、セキュリティ機能の動きを説明するために、積極的にコンテナランタイムを使った実行例を載せています。具体的にはDocker、

LXC/LXDを使った実行例を載せ、コンテナランタイムから機能をどのように使うか、使うとどのような動きになるのかについて説明しています。

なお、この本の実行例は、一部をのぞいてUbuntu 22.04上で動作確認をしています。

凡例

コマンド名や実行例などで出てきた具体的なパスは、等幅フォントを使用します。

本文中で、説明のためにカーネルのバージョンを表記することがあります。文中で使うカーネルのバージョンは、パッチなどが当たっていないカーネル（バニラカーネル）のバージョンです。ディストリビューションのカーネルは、機能がバックポートされていることがあるため、あるバージョン以前は使えなかったという説明をしていても、機能が使える場合があります。

第1章　コンテナとは

　コンテナに関するさまざまな機能を説明するまえに、まずは「コンテナ」とは何か？を説明しましょう。

　ひとことでいうとコンテナとは、**隔離した空間でプロセスを実行する**ことです。

　短くひとことで説明しましたが、ここに重要なキーワードがふたつ含まれています。

　コンテナを説明する際、「仮想化」や「仮想環境」といったような「仮想」という単語を使うことがあります。たしかに、コンテナを起動するとある種の「仮想環境」が作られます。しかし筆者は、「仮想」よりは「隔離」という言葉を使ったほうがよりコンテナを的確に表していると考えます。あとでもう少し詳しく説明しますので、まずはこの**隔離**が重要であることを覚えておいてください。

　そして、もうひとつが「プロセス」です。**コンテナはプロセスである**ということが、もうひとつ忘れてはいけない重要な点です。

　もう少し詳細に説明していきましょう。

　「仮想環境」を作り出すための仕組みとして、「仮想マシン」（VM）を使ったことがある方は多いのではないでしょうか。ここでは説明のために、VMとの比較をしてみます。

図1.1: 仮想マシン

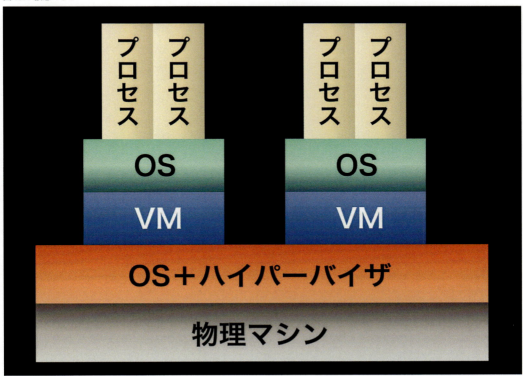

VMでは図1.1のように、コンピューター上で動くOSやVMを実現するためのハイパーバイザ上で、実際のハードウェアをエミュレートするVMが動きます。実際の物理的なコンピューターと同じような動作がソフトウェアによって実現されているので、このVMを使うにはOSが必要になります。つまり、図1.1のようにOSが物理的なコンピューター上で動き、その物理的なコンピューター上で動くOS上でさらにOSが動きます。また、このVM自体は物理マシン上で実行されているOS上のプロセスですが、物理マシン上のOSからはVMのプロセスが見えているだけで、VM内で動作しているプロセスは見えません。まさに「仮想環境」と呼べる仕組みです。

図1.2: コンテナ

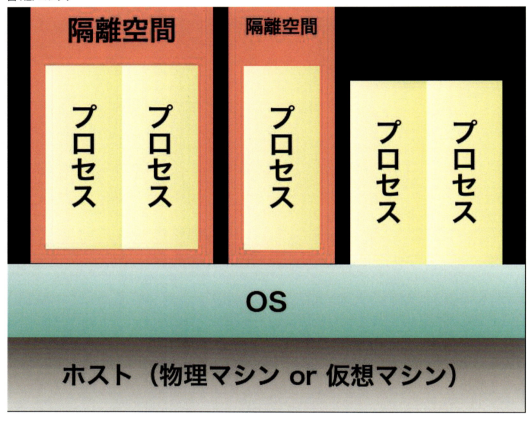

　一方コンテナは、図1.2のように、起動するすべてのプロセスはコンピューター上にインストールされたOS（ホストOS）上で直接起動します。このOSは図1.2のように物理マシン上で実行されていても、仮想マシン上で実行されていても構いません。

　通常のプロセスの動作と異なる点は、そのプロセスの一部をグループ化し、他のグループやグループに属していないプロセスから隔離した空間で動作させる点です。貨物輸送で使うコンテナのように、隔離された空間にプロセスが入っているので、この空間を『コンテナ』と呼ぶわけです。これも貨物輸送のコンテナと同様に、あるコンテナの内部から他のコンテナの内部を見ることはできません。

図1.2で「普通に起動したプロセス」と書いたプロセスが、コンテナ化しないで起動したプロセスです。隔離されていない空間で動いているように見えますが、実際は**デフォルトの空間**で動いています。つまりデフォルトではすべてのプロセスが同じ空間で動いているので、隔離されていないように見えるだけです。

コンテナ内で実行するプロセスは、図1.2のようにひとつでも構いませんし、複数のプロセスを実行しても構いません。

この隔離された空間を作り出すのは、OSのカーネルに実装された機能です。OSを通して使用できるコンピューターが持つリソースをコンテナごとに隔離して、ホストOS上で直接動作するプロセスや他のコンテナから独立した空間を作り出し、リソースを分割、分配、制限するわけです。

実際にコンテナ化したプロセスを実行する際には、隔離された空間で動作させるだけではなく、さまざまなセキュリティー設定を行ったり、通常起動するプロセスとは違う属性を持たせたりします。つまり、コンテナとはOS上で起動するプロセスに、ある種の属性を持たせたものと考えることもできます。

ここでいう属性とはたとえば、

・他のプロセスから見えなくする（隔離）

・実行できる操作に制限を加える or 特権を与える

・使えるリソースに制限を加える

といった属性です。普通に起動したプロセスとはちょっと違うプロセスといったところです。

Linuxカーネルには、この隔離した環境を作り出したり、さまざまな属性を付与するといった機能がたくさん備わっています。

Linuxでコンテナを実行する際は、目的に応じてLinuxカーネルに備わる色々な機能を組み合わせます。決して単一の「コンテナ」という機能が備わっているわけではありません。すべての機能がコンテナ向けの機能というわけではなく、他の用途で使う機能をコンテナでも使用したりします。すなわち、**使いたい機能のみを使ってコンテナを作成できる**ということです。

世の中に存在するDockerやLXCなどのコンテナを実行するための実装は、その実装が目指す動きをするように、あらかじめ必要そうな色々な機能を組み合わせた状態でコンテナを作成します。つまり、Linuxカーネルに備わっているさまざまな機能から、必要な機能を選択し、それらを組み合わせてコンテナを作るということです。

1.1　コンテナのメリット

ここまで説明したことだけでも、コンテナのメリットが見えてきます。

1.1.1　起動が早い

先に説明したとおり、コンテナは**プロセス**です。つまり、起動の速度はプロセスとほぼ等しいということになります。

仮想マシンの場合は、仮想的にエミュレートしたハードウェアの起動からOSの起動を経ないといけませんので、使える状態になるまでには少し時間がかかります。

第1章　コンテナとは　9

それに対して、プロセスが起動すると使える状態になるコンテナは、起動の速度が求められる場面では適したソリューションになるはずです。

1.1.2 オーバーヘッドがない

これは仮想マシンと比べたメリットになります。仮想マシンの場合はハードウェアを仮想化しなければいけませんので、そのためにリソースを割かなければなりません。

さらに、仮想的に実現したハードウェア上でOSが稼働します。ベースとなるホスト環境でもOSが動作していますので、同じように動作するOSがいくつも起動していることになりますので当然オーバーヘッドとなります。

それと比べると、コンテナはプロセスが起動するだけです。通常のプロセスに比べると、コンテナ化するために内部的には余分な処理は必要です。そうはいってもプロセスが起動するだけですので、通常の環境で起動させるプロセスと比べても大きな差がない程度のオーバーヘッドで起動するはずです。

1.1.3 高密度化が可能

コンテナを起動させない通常のOS上でも、OS上では多数のプロセスが起動しています。コンテナはプロセスですから、コンテナ化したとしてもコンテナ化しない場合と同じ程度の数のプロセス、つまりコンテナを起動させることができるはずです。

1.1.4 アプリケーションのみをコンテナ化できる

仮想マシンの場合、仮想的に実現したハードウェア上でかならずOSを動作させる必要があります。

それに対してコンテナはプロセスですので、要件に必要なアプリケーションのみをコンテナ内で動作させることができます。つまり、必要なプロセスのみを仮想的な環境であるコンテナ内で動作させることができます。

特に、システムとして必要なプロセスが起動しなければならない仮想マシンと比べると大きなメリットとなります。

1.1.5 固定的なリソース割当が不要

これも仮想マシンと比べたメリットになります。仮想マシンの場合、かならず「仮想CPUをいくつ、メモリーをいくつ」という風に固定的な値を割り当てる必要があります。仮想マシン内のプロセスが、特にリソースを必要とするタスクを実行していなくても割り当てたメモリーなどのリソースは占有したままです[1]。

通常、プロセスには固定的にリソースを割り当てる必要はありませんので、当然コンテナにも必ず割り当てなければならないリソースはありません。ですので、使われていないリソースは最大限利用できます。

---

1. もちろん仮想マシンにも仮想マシン間でメモリーを共有したりといったリソース消費を抑える機能はあります。

1.2 コンテナのデメリット

前述のようにコンテナとはプロセスですので、コンテナが実現できることは通常のプロセスと同じ範囲に留まります。そういう意味では、コンテナとして実行するタスクは、その範囲に留まります。

その範囲内でコンテナを実行することに関して、特にデメリットとして感じることは筆者としてはないのですが、その仕組み上どうしてもできないことはあります。それをデメリットとすると、コンテナのデメリットとしていえることはいくつかあります。

1.2.1 異なるアーキテクチャ、OS上のアプリケーションは実行できない

コンテナはLinuxカーネル上で動くプロセスですので、当然異なるOS用のバイナリを動かすことはできません[2]。仮想マシンであれば、Linux上でWindowsを動かせますが、当然LinuxコンテナとしてWindows用のプログラムを動かすことはできません。また、異なるアーキテクチャ向けのプログラムを動かすこともできません。

コンテナは単なるLinux上で動くプログラムですので、これは当然のことです。

1.2.2 カーネルに関わる操作をコンテナごとに行えない

コンテナは単一のカーネル上で動くプロセスに特別な属性を与えたプロセスです。つまり、複数のコンテナがひとつのOS環境で動いているとすると、その複数のコンテナは共通のLinuxカーネル上で動作していることになります。

ということは、コンテナごとにカーネルの動きを変えるような操作はできないということです。

たとえば、Linuxではモジュールという仕組みでドライバや色々な機能を動的に組み込むことができますが、コンテナごとに異なるモジュールを読み込むようなことができません。カーネルは単一ですので当然のことです。

Linuxカーネルに機能として実装されている、コンテナごとに異なった属性を与えられるようになっている機能以外は、コンテナ間ではカーネルが提供する機能は共通となります。

これはコンテナとはどのようなものであるかを理解すれば当たり前の話であって、特にデメリットではないと筆者は考えています。コンテナとはどのようなものであるかをきちんと理解した上で、コンテナの機能によくフィットするユースケースでコンテナを使えば特にデメリットといえるようなものではないでしょう。

これ以降では、ここまでで述べたような、Linuxカーネルに備わる、コンテナに関係するさまざまな機能を紹介していきます。

1.3 Linuxにおけるコンテナ

先に書いたように、コンテナはカーネルが持っている機能を使いますので、Linuxでコンテナを実行するにはLinuxカーネルに備わっている機能を使います。

---

2. もちろんコンテナのプロセスとして仮想マシンやエミュレーターを動かせば動きます。

ところが、Linux カーネルには「コンテナ」という機能があるわけではありません。Linux カーネルには多数の機能があり、その中にコンテナ向けの機能やコンテナで使える機能をたくさん持っています。

そのたくさんの機能の中から、使いたい機能を使ってコンテナを実現します。したがって、要件に合った機能だけを選択して自分用のコンテナを実装できます。ただ、要件ごとにコンテナ実行用のプログラムを開発することは容易ではありませんし、コストもかかりますので、一般的に使われる機能を色々組み合わせてコンテナが実行できるように作られているのが、Docker や LXC/LXD といったコンテナを起動するためのプログラムやライブラリーです。

そして、Linux カーネルが持っている多数の機能には、コンテナ専用といえる機能もありますが、ほとんどの機能はコンテナ専用というわけではなく、その機能単体でも使えます。

つまり Linux では、カーネルに実装されている**多数の機能を組み合わせて**コンテナを作ります。

この Linux カーネルが持っている多数の機能の中で、Linux でコンテナを作る場合の主要機能といえる機能がふたつありますので、まず簡単に紹介していきましょう。

1.3.1 Namespace（名前空間）

Namespace は**隔離空間**を作成する機能です。つまり、この Namespace 機能こそが「コンテナ」そのものといっても過言ではないでしょう。

OS 起動後にカーネルが作成する色々な OS リソースに対して Namespace 機能が実装されており、その Namespace を使うことで、その Namespace が対象とするリソースを隔離した空間が作られます。カーネルに実装されているリソースごとに存在する Namespace 機能は、単独で使うことも、組み合わせて使うこともできます。

つまり、Linux カーネルで実装されている Namespace 機能が対象としているリソースを隔離した空間がコンテナごとに持てるということです。どのようなリソースに対して Namespace 機能が実装されているのかについては、第1巻で詳しく紹介しています。

1.3.2 cgroup

プロセスやプロセスのグループを、隔離された空間に入れてコンテナを作る機能が先に紹介した Namespace です。この Namespace 内のプロセスにまとめて物理的なリソース制限をかけたい、というケースは多いでしょう。

仮想マシンの場合は、仮想マシンを作成・起動する際に、仮想マシンに CPU やメモリーを与えますが、それと同様のことをコンテナに対しても設定したいようなケースです。

このような機能を提供するのが cgroup です。コンテナが使える CPU やメモリー、ネットワークやディスク I/O 帯域を制限できます。

cgroup はコンテナ、Namespace とは関係なく使えます。つまりコンテナと関係なく、普通に OS 上で起動した Web サーバーやブラウザーなどが使える CPU やメモリーも制限できます。コンテナ内の一部のプロセスにだけ、独立して制限をかけることもできます。

cgroup には、2.6.24 カーネル以来の cgroup v1 と、v1 の問題点を改良した 4.5 カーネルで stable と

なったcgroup v2があります。cgroup v1については、第2巻で詳しく紹介しています。

　ここまで、コンテナの概要について説明しました。次では、セキュリティ機能について紹介していく前に、本書で使うソフトウェアやコンテナランタイムのインストール方法を説明します。

第2章 本書で使うソフトウェアのインストール

　コンテナに関係するセキュリティ機能を紹介する前に、本書で使用するソフトウェアやコンテナランタイムをインストールする方法を案内しておきます。

　Dockerに関しては、筆者よりも読者の皆さんの方が詳しいでしょうが、LXCやLXD、その他説明に使用するツールについては、なじみがない方が多いかと思います。

　そこで、ひととおりツールの導入方法を説明してから、セキュリティ機能についての説明に移ります。

　本書では、主にUbuntu 22.04を使用して説明しますので、インストール方法についてもUbuntu 22.04での方法を記します。

2.1 Docker

　本書を読む方で、Dockerをインストールしたことがないという方は少ないかもしれませんが、一応書いておきます。

　本書では、基本的にdocker runしか実行しません。バージョンも問いません。どんな方法でもインストールができれば良いので、本格的に使うわけでなく、本書の動作確認程度にDockerをお使いの場合、Ubuntu公式のパッケージからインストールしても良いと思います[1]。

```
$ sudo apt update
$ sudo apt install docker.io
```

　今後本格的に使うため、最新のバージョンを入れたいという場合は、公式ドキュメントをご覧ください。

　・https://docs.docker.com/engine/install/ubuntu/

2.2 LXD

　LXDは、コンテナと仮想マシンを、同じように管理できるマネージャーです。本書では、コンテナのみを扱います。また、リモートのLXDサーバーを管理したり、クラスターを組んだりできますが、本書では、LXDをインストールしたホスト上のコンテナのみを操作します。

　UbuntuのServer版をお使いの場合、snapパッケージとしてLXDがインストールされているはずです。

---

1. 最近はUbuntu公式をインストールしたからと言って古いバージョンが入るわけでもありません。

14　　第2章 本書で使うソフトウェアのインストール

```
$ snap list
Name     Version      Rev    Tracking        Publisher     Notes
core22   20230801     864    latest/stable   canonical✓    base
lxd      5.17-e5ead86 25505  latest/stable   canonical✓    -
snapd    2.60.3       20092  latest/stable   canonical✓    snapd
```

インストールされていない場合や、UbuntuのDesktop版をお使いの場合は、snapパッケージとしてインストールできます。

```
$ sudo snap install lxd
```

その他、インストールに関しては、LXDの公式ドキュメントをご覧ください。
・https://documentation.ubuntu.com/lxd/en/latest/installing/
・https://lxd-ja.readthedocs.io/ja/latest/installing/（日本語訳）[2]

初めてLXDを使う場合には、デーモンの初期化が必要です。

```
$ sudo lxd init
```

lxd initを実行すると、LXDの動作に必要な質問が表示されます。本書で説明しているコマンドを実行する場合、すべてデフォルトで回答して構いません。きちんと設定したい場合は、公式ドキュメントをご覧ください。
・https://documentation.ubuntu.com/lxd/en/latest/howto/initialize/
・https://lxd-ja.readthedocs.io/ja/latest/howto/initialize/（日本語訳）

LXDデーモンはlxdというプログラムですので、初期化にはlxdコマンドを使いました。しかし、LXDをコントロールする標準コマンドはlxcコマンドですので、初期化が済んだ後はlxcコマンドのみ使います。

一般ユーザーでlxcコマンドを実行するには、root権限で操作するか、もしくはユーザーがlxdグループに所属している必要がありますので、お使いの一般ユーザーでコンテナを操作する場合、lxdグループに所属させておくと良いでしょう。

```
$ sudo usermod -a -G lxd tenforward
```

lxdグループに所属すると、次のようにlxcコマンドが実行できます。

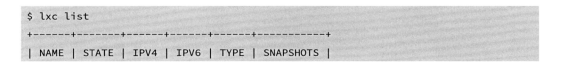

---

[2].LXDドキュメントの日本語訳は、更新が止まっていますので、今後内容が古くなる可能性があります。

```
+------+---------+------+------+------+-----------+
```
（まだインスタンス作成をしていませんので、インスタンス一覧のコマンドを実行しても何も出てきません）

コンテナの作成、起動、停止、削除の流れをひととおり見ておきましょう。

```
$ lxc launch images:ubuntu/jammy c1
 （イメージサーバー"images"からubuntu jammyのイメージを取得してコンテナを作成し、起動）
$ lxc exec c1 -- /bin/bash  （コンテナc1内でシェルを起動）
root@c1:~# exit
exit
$ lxc list -c "ns4tS"  （コンテナ情報の確認）
+------+---------+---------------------+-----------+-----------+
| NAME | STATE   |        IPV4         | TYPE      | SNAPSHOTS |
+------+---------+---------------------+-----------+-----------+
| c1   | RUNNING | 10.1.244.241 (eth0) | CONTAINER | 0         |
+------+---------+---------------------+-----------+-----------+
$ lxc stop c1   （c1を停止）
$ lxc delete c1   （c1を削除）
```

　lxc launchコマンドは、コンテナの作成と起動を続けて行うためのコマンドです。すでに作成されていて、停止しているコンテナを起動する場合は、lxc startコマンドを使います[3]。

　実行中のコンテナ内でコマンドを実行するにはlxc execを使います。シェルを起動する場合はlxc shellコマンドも使えます。

　その他、LXDの詳細については公式ドキュメントをご覧ください。

2.3　LXC

　LXCは、Linuxカーネルに実装されているコンテナ関連の機能を扱うためのライブラリーと、そのライブラリーを使ったコマンドラインツールから構成されています。

　LXDはリモートのコンテナを操作できますが、LXCは、LXCをインストールしたホスト上のコンテナのみを扱います。LXDはLXCのライブラリーを使って、ホスト上のコンテナを操作しています。

　LXDはLXCを使いますので、LXDをインストールしたらLXCもインストールされるのでは、と思う方がいらっしゃるかもしれません。しかし、LXDはsnapでインストールしますので、ホスト上でLXCコンテナを扱うには別途インストールが必要です。lxcパッケージをインストールすると、必要なパッケージがひととおりインストールされます。

3."lxc list"コマンドにオプションを指定しているのは、デフォルトのままだと実行例が横長すぎて紙面に収まらないためです。通常はオプションなしで"lxc list"だけで十分です。

16　　第2章　本書で使うソフトウェアのインストール

```
$ sudo apt install lxc
Reading package lists... Done
Building dependency tree... Done
Reading state information... Done
The following additional packages will be installed:
  libfuse2 liblxc-common liblxc1 libpam-cgfs lxc-utils lxcfs
  : (略)
```

　LXCは、root権限で実行すると特権コンテナを、一般ユーザー権限で実行すると一般ユーザー権限で実行されるコンテナを操作します。一般ユーザー権限でコンテナを実行するには準備が必要です。

```
$ echo "tenforward veth lxcbr0 10" | sudo tee -a /etc/lxc/lxc-usernet
tenforward veth lxcbr0 10
 （一般ユーザー権限でコンテナを起動する際、ネットワークインターフェースを生成し、アクセスするための
設定）
$ mkdir -p .config/lxc　（一般ユーザー用の設定ファイル置き場を作成）
$ cp /etc/lxc/default.conf .config/lxc/default.conf
 （一般ユーザー用設定ファイルのひな型として、LXCデフォルトの設定ファイルをコピーする）
$ cat /etc/sub{u,g}id
tenforward:100000:65536
tenforward:100000:65536
 （/etc/subuid,subgidの確認）
$ echo -e "lxc.idmap = u 0 100000 65536\nlxc.idmap = g 0 100000 65536" >>
.config/lxc/default.conf
 （"100000"と"65536"は/etc/subuid,subgidの値と合わせる）
$ cat .config/lxc/default.conf　（確認）
lxc.net.0.type = veth
lxc.net.0.link = lxcbr0
lxc.net.0.flags = up
lxc.net.0.hwaddr = 00:16:3e:xx:xx:xx
lxc.idmap = u 0 100000 65536
lxc.idmap = g 0 100000 65536
```

　LXCの一般ユーザーで起動するコンテナに関する詳細は、公式ドキュメントをご覧ください。
・https://linuxcontainers.org/ja/lxc/security/（LXCドキュメント「セキュリティ」ページ）
・https://linuxcontainers.org/ja/lxc/getting-started/（LXCドキュメント「はじめに」ページ）
　root権限で起動する特権コンテナの起動は簡単です。Alpine Linux 3.18コンテナを作成してみましょう。

```
$ sudo lxc-create -t download c1 -- -d alpine -r 3.18 -a amd64
（コンテナの作成）
$ sudo lxc-start c1  （コンテナの起動）
$ sudo lxc-ls -f  （コンテナ情報の確認）
NAME STATE   AUTOSTART GROUPS IPV4 IPV6 UNPRIVILEGED
c1   RUNNING 0        -      10.0.3.50 -   false
$ sudo lxc-attach c1 -- /bin/ash  （コンテナ内でシェルを起動）
/ # exit
$ sudo lxc-stop c1  （コンテナの停止）
$ sudo lxc-destroy c1  （コンテナの削除）
```

　一般ユーザー権限でコンテナを起動するには、少し面倒な操作が必要です。面倒な操作が必要な理由は、Ubuntu 22.04はcgroup v2を採用しているためです。コンテナ用のcgroupを操作するために、systemd-runコマンドの助けが必要です。

```
$ systemd-run --unit=my-unit --user --scope -p "Delegate=yes" -- lxc-create -t
download c1 -- -d alpine -r 3.18 -a amd64
（コンテナの作成）
$ chmod 751 $HOME
（otherのアクセス権がないとコンテナが起動できない）
$ systemd-run --unit=my-unit --user --scope -p "Delegate=yes" -- lxc-start c1
（コンテナの起動）
$ lxc-ls -f  （コンテナ情報の確認）
NAME STATE   AUTOSTART GROUPS IPV4      IPV6 UNPRIVILEGED
c1   RUNNING 0        -      10.0.3.62 -   true
$ systemd-run --user --scope -p "Delegate=yes" -- lxc-attach c1 -- /bin/ash
（コンテナ内でシェルを実行）
Running scope as unit: run-r92677903a7fe45cb9ae110e989116128.scope
/ # exit
$ lxc-stop c1  （停止はそのまま実行できる）
$ lxc-destroy c1  （コンテナの削除もそのまま実行できる）
```

　ちなみに、Ubuntu 20.04はcgroup v1を採用しているので、上記のようにsystemd-runコマンドの助けを借りなくても、前述の必要な設定を行えば一般ユーザー権限でコンテナが作成、起動できます。

```
$ lxc-create -t download c1 -- -d alpine -r 3.18 -a amd64
$ lxc-start c1
$ lxc-ls -f
NAME STATE   AUTOSTART GROUPS IPV4      IPV6 UNPRIVILEGED
```

```
c1    RUNNING 0        -      10.0.3.25 -    true
```

2.4　libcap

libcapは、ケーパビリティーを操作するためのライブラリーとコマンドです。第4章で、ケーパビリティーを操作したり確認したりするために、libcapに含まれるコマンドラインツールを使います。

Ubuntuで、libcapに含まれるコマンドラインツールを使用するには、libcap2-binパッケージをインストールします。

```
$ sudo apt install libcap2-bin
```

コマンドラインツールに含まれるコマンドについては、各コマンドを使うところで説明します。次のようなコマンドを使います。

```
$ sudo setcap cap_net_raw=p ./mycommand
 （ケーパビリティーの設定）
$ getcap ./mycommand
./mycommand cap_net_raw=p
 （ケーパビリティーの確認）
$ getpcaps $(pgrep systemd-time)
603: cap_sys_time=eip
 （実行中のプロセスのケーパビリティーの確認）
$ sudo capsh --drop="cap_net_raw" -- -c ping 127.0.0.1
127.0.0.1: line 1: /usr/bin/ping: Operation not permitted
 （ケーパビリティーを設定してシェルを起動）
```

説明で使うツールをインストールする方法の紹介が終わりました。
それでは、いよいよセキュリティ機能について紹介していきましょう。

第3章　Linuxコンテナで使うセキュリティ機能

　第1章で、コンテナの概要とLinuxにおけるコンテナの主要機能を簡単に説明しました。そこで説明したように、Namespaceは隔離された空間を作り、cgroupはホスト上で動く特定のプロセスやコンテナが、リソースを使いすぎないようにするための機能でした。

　いずれも広い意味ではセキュリティのための機能と言えるでしょう。

　しかし、Namespaceで隔離した空間を作り、cgroupで各プロセスに必要なリソースが割り当たるようにしたとしても、第1章で説明したように、コンテナはカーネルを共有しています。このふたつの機能だけでは、コンテナホストや他のコンテナのセキュリティを確保できません。

　なぜなら、Namespaceで隔離されないカーネルリソースや、カーネルの機能が存在するためです。

　また、バグやセキュリティホールが原因で、コンテナからホストや他のコンテナが操作できたりしては危険です。このため、セキュリティが確保されているリソースや機能についても、さらに別のセキュリティ機能を用いて多層防御する必要があるでしょう。

　ここでは、セキュリティを確保するために、コンテナで利用されている機能について説明します。

3.1　ユーザー管理

　ご存知のように、Linuxにはユーザーとグループという概念が存在し、ユーザーはグループに所属します。また、ユーザーとグループにはそれぞれUID、GIDというIDが割り当てられており、さまざまな処理はそのIDをベースに実行されます。

　システム上では、UIDが0のユーザーは、システム上のすべての権限が与えられており、通常はUID 0にはrootというユーザー名が割り当てられています。

　このUIDやGIDといったIDと、そのIDに対してホスト上のリソースにどのような権限を与えるかということが、コンテナに限らず、システム上でタスクを実行する際に、もっとも基本的なセキュリティ機能になるでしょう。

　タスクを実行する際には、通常はそのタスクを起動したユーザーの権限でタスクが実行されます。そこで、すべてのタスクをroot権限で実行するのではなく、必要に応じて一般ユーザー権限で実行し、必要最低限の権限だけを与え、セキュリティを確保します。

3.2　User Namespace

　「3.1 ユーザー管理」で説明した、すべてのタスクをroot権限で実行するのではなく、一般ユーザー権限で実行する考え方は、コンテナでも同様に使われます。本シリーズの第1巻で紹介したUser Namespaceを使い、一般ユーザー権限でコンテナを起動し、コンテナに必要以上の権限を与えないようにして、コンテナホストに対するセキュリティを確保します。

User Namespaceは、コンテナを動作させるホスト上のUID、GIDとは別に、コンテナ内でUID、GIDを持てる機能です。ホスト上のUID、GIDとコンテナ内のUID、GIDは、それぞれ1対1でマッピングされます。

この機能を使って、コンテナ外ではUID、GIDともに100000、コンテナ内ではUID、GIDともに0（rootユーザー）というようなマッピングを行い、ホスト上の一般ユーザーを、コンテナ内ではrootユーザーに見せられます。

このマッピングにより、コンテナ内でroot権限によりプロセスを動作させても、ホスト上から見ると一般ユーザーで動作していることになり、コンテナの外では一般ユーザー権限しか持たなくなります。

仮に、コンテナから抜けられるセキュリティホールがあった場合でも、コンテナの外では、一般ユーザーが持つ権限の範囲でしか操作ができません。コンテナを安全に動作させられるということです。

たとえば次の実行例は、LXDでコンテナを起動した際のプロセスをホストから見ています。コンテナの実行ユーザーは100000となっており、システム上に存在しない一般ユーザー権限のUIDで起動していることがわかります。

```
$ ps -efH
UID        PID  PPID  C STIME TTY          TIME CMD
  :（略）
root      4262     1  0 01:06 ?        00:00:00 [lxc monitor] /var/lib/lxd/con
100000    4269  4262  0 01:06 ?        00:00:00   /sbin/init
100000    4539  4269  0 01:06 ?        00:00:00     /sbin/syslogd -t
100000    4567  4269  0 01:06 ?        00:00:00     /usr/sbin/crond -c /etc/cr
100000    4979  4567  0 01:14 ?        00:00:00       [run-parts] <defunct>
100000    4659  4269  0 01:06 ?        00:00:00     /sbin/udhcpc -b -R -p /var
100000    4718  4269  0 01:06 pts/0    00:00:00     /sbin/getty 38400 console
```

LXDの場合、デーモンはroot権限で動きます。User Namespaceを使ってコンテナを起動する場合でも、コンテナを起動する準備のために、特権がないと実行できない処理を行うためです。コンテナを起動するユーザーがrootでも、起動するコンテナをUser Namespaceを使って一般ユーザー権限で起動し、セキュアにコンテナを起動させます。

User Namespaceについては、本シリーズの第1巻である『Linux Container Book』で説明していますので、詳しくはそちらをご参照ください[1]。

3.2.1　サブID（subuidとsubgid）

User Namespaceを使い、一般ユーザー権限でコンテナを起動する場合、コンテナ内で使用するUID、GIDがそれぞれひとつずつであれば、コンテナを起動するユーザーのUID、GIDとコンテナ

---

1. もしくは本書の元となった gihyo.jp での連載の第16回をご覧ください（https://gihyo.jp/admin/serial/01/linux_containers/0016）

内で使用するUID、GIDをマッピングすれば良いかもしれません。

　しかし、それではコンテナは、コンテナホスト環境上で使われているユーザー権限で起動することになり、万が一コンテナ内からコンテナホスト上を操作できるセキュリティホールが発見された場合、コンテナホスト上のそのユーザーが侵害されます。

　コンテナホスト上のユーザーが侵害されることを防ぐために、User Namespaceを使用して起動するコンテナでは、システム上に存在するユーザーと重ならないUID、GIDを使ってコンテナを起動します。

　コンテナが、システム上に存在しないユーザーのIDで起動していれば、システム上に存在するユーザーが所有するリソースに対する権限がありませんので、ホストに対して干渉する可能性をさらに小さくできます。

　また、コンテナ内で使用するUID、GIDは、rootだけでなく複数のUID、GIDが必要な場合も多いため、複数のIDをマッピングする必要がある場合が多いです。複数のIDをマッピングする場合、IDがコンテナを起動するユーザーのID ひとつだけだとマッピングを作成できません。

　このように、User Namespaceで使うマッピングを作成する際に使うように、コンテナホスト上のユーザーが使用できる「サブID」が定義できるようになりました。ユーザーが、自身のUID、GIDの他に使えるIDです。

　このサブIDは、UID、GIDそれぞれに定義でき、ホストの管理者が各ユーザーに対してあらかじめ定義しておきます。ちょうどユーザー作成時に、ユーザーに付随する情報を定義するのと同様です。そして、サブIDはユーザーに対して範囲で指定できます。これにより、コンテナ内で使用する複数のIDとコンテナホスト上のIDをマッピングできます。

　adduserやuseraddコマンドを使用してユーザーを作成すると、次のように使われていない範囲から自動的に65536個割り当ててサブIDが定義されます。

```
$ sudo adduser test
Adding user `test' ...
Adding new group `test' (1001) ...
Adding new user `test' (1001) with group `test' ...
Creating home directory `/home/test' ...
Copying files from `/etc/skel' ...
Enter new UNIX password:
Retype new UNIX password:
    : (略)
$ grep test /etc/subuid
test:165536:65536
$ grep test /etc/subgid
test:165536:65536
```

　サブIDとして定義した値は、上のように/etc/subuidと/etc/subgidに保存されます。これらのファイルには、次の書式で、ユーザーに割り当てるサブIDが定義されます。

（ユーザー名）：（ユーザーに割り当てるサブIDの開始ID）：（ユーザーに割り当てるサブIDの個数）

　既存ユーザーに対して、サブIDを新たに追加するには、usermodコマンドの-vオプション(サブUID)と-wオプション(サブGID)を使います。

　たとえば、testユーザーに対して、UID、GID共に200000から65536個の使用を許可する場合、次のように実行します。

```
# usermod -v 200000-265535 -w 200000-265535 test
# grep test /etc/subuid
test:200000:65536
# grep test /etc/subgid
test:200000:65536
```

　このようにして設定したサブIDを使い、コンテナホスト上で使われていないIDを使用して、コンテナを起動します。コンテナホスト上の複数のサブIDと、コンテナ内で使用する複数のIDをマッピングします。ユーザーに対して使用が許可されていないサブIDを使ってマッピングすることはできません。

3.3　ファイルの所有権とパーミッション

　「3.1 ユーザー管理」でお話したユーザーやグループの概念と密接に関係しているのが、Linuxシステム上に存在するファイルの所有権と、ファイルに属性として設定されるパーミッションです。特にLinuxでは、デバイスなどがファイルで表されていたり、ネットワーク送受信をファイル入出力と同じように操作したりしますので、Linux全体がパーミッションの影響を受けているとも言えます。

```
-rw-r--r-- 1 tenforward users 0  7月  6日  22:43 file
```

　ls -lコマンドを実行すると上記のような結果が得られます。この一番左の"-rw-r--r--"がファイルの種類とパーミッションで、"tenforward users"がこのファイルを所有しているユーザーとグループです。

　Linuxシステム上のファイルは、すべて所有権とパーミッションが設定されています。この所有権とパーミッションを適切に設定することにより、コンテナ内外でのセキュリティを確保していると言えるでしょう。

　また、先に述べたように、User Namespaceを使って一般ユーザー権限でコンテナを起動する場合、コンテナを起動するユーザーが扱えるサブID（subuid,subgid）を使ってコンテナを起動します。そのため、そのコンテナ用のファイルシステムは、すべてそのサブID所有である必要があります。このサブIDは、一般的にはシステム上のユーザーとひもづけられていません。これにより、システム上に存在するユーザーからも自由にアクセスできないように、コンテナイメージが作成できます。

第3章　Linuxコンテナで使うセキュリティ機能　| 　23

このように、ファイルの所有権やパーミッションも、コンテナイメージのセキュリティを確保するために使用する、もっとも基本的な機能のひとつと言えるでしょう。

3.3.1 特殊なパーミッション

このパーミッションには、いくつか特殊なパーミッションが存在します。コンテナが起動するときのセキュリティに直接影響することは、あまりないかもしれません。しかし、このあとの説明で、コンテナ自身やコンテナ内でセキュリティを確保するために使う機能と関連しますので説明しておきます。

特殊なパーミッションには、**setuid**、**setgid**、**スティッキービット**があります。

Linuxでプログラムを実行する場合、基本的には実行したユーザーの権限でプログラムが動作します。しかし、中には一般ユーザーが使う場合でも、rootが持つ特権を必要とするケースがあります。このような場合、**setuid**や**setgid**という仕組みがあります。setuid、setgidを使うと、ファイルの所有ユーザーや所有グループの権限でプロセスを実行できます。

setuid、setgidは、セキュリティを高める機能ではなく、利便性を高める機能です。この仕組みは便利な反面、setuidを使ってroot権限で実行するプログラムに脆弱性があると、システムを危険にさらす可能性があります。そこで、setuid, setgidを使わずに、セキュリティを高めながら利便性も確保するための仕組みで代替できます。setuidについては、第4章あらためて説明します。

スティッキービットは、ディレクトリー内のファイルを保護するための機能で、ディレクトリーに設定されます。ディレクトリーにスティッキービットが設定されていると、ディレクトリー内のファイルを削除できるのは、ファイルの所有者、ディレクトリーの所有者、rootだけです。

スティッキービットが設定されている代表的なディレクトリーといえば、システム上のプログラムが一時的に使用するための領域/tmpでしょう。/tmpに置いた一時ファイルが、他ユーザーから消されないよう保護するために、スティッキービットが設定されています。

```
$ ls -ld /tmp
drwxrwxrwt 12 root root 4096 Jul 13 11:38 /tmp
        ^
 (この t がスティッキービットが設定されている印)
```

3.4 ケーパビリティー

「3.3 ファイルの所有権とパーミッション」で書いたsetuidは、特権を与える仕組みが非常に単純でした。簡単に設定でき、利便性は高まりますが、危険な仕組みでもありました。

一般的に、ユーザーに特権を与える場合、ユーザーがコマンドを通して行いたいことに必要な権限は、root権限の全てが必要なわけではなく、rootが持つ権限の一部だけでしょう。つまりrootが持つ全権を与える必要はありません。その実行したい処理に対する特権だけを与えれば十分です。

このような考えから、今ではLinuxカーネルには、setuidで全権限を与えなくても、rootが持つ多数

の特権を細分化して、一部の特権だけを与える機能が備わっています。これが**ケーパビリティー**です。

ケーパビリティーについては第4章で詳しく説明します。

3.5　Seccomp

Linuxで、プログラムを実行する際、たとえばファイルを開いたり、ファイルへ入出力したり、他のプログラムを実行するといったような、カーネルの機能を使いたいことがあります。プログラムからカーネルの機能を使うために、カーネルには、カーネルの機能を使うためのインターフェースとして、**システムコール**というインターフェースが準備されています。プログラムからはこのシステムコールを使って、カーネルの機能を使います。

Seccompは、プロセスが実行できるシステムコールを制限し、プロセスに不要なシステムコールを使って危険な操作ができないようにする機能です。システムコールそのものの制限だけではなく、システムコールに与える引数をチェックしたり、特定の引数だけを許可したりもできます。

コンテナホスト上で起動するコンテナは、第1章で説明したとおり、ホストのカーネルを共有します。そこで、コンテナ内で実行されるプログラムが悪意を持ってシステムコールを使用すると、他のコンテナだけでなく、ホスト自体にも影響を与えてしまいます。

コンテナに対して、コンテナでは使わないシステムコールが発行できないように設定できると、セキュアなコンテナ実行環境が提供できます。

Seccompはこのような目的で使われています。DockerやLXC/LXDといったコンテナランタイムでは、デフォルトでコンテナから使う必要のないシステムコールが制限されています。また、コンテナ起動時にコンテナに対してシステムコールの許可や禁止といった設定ができるようになっています。

システムコールやSeccompについては第6章で詳しく説明します。

3.6　LSMを使った強制アクセス制御

LSM（Linux Security Module）は、Linux 2.6で導入された、Linuxカーネルにセキュリティ機能を追加するための拡張フレームワークです。Linuxカーネルには、このフレームワークを使って、さまざまな**強制アクセス制御（MAC: Mandatory Access Control）** が実装されています。たとえば、Red Hat系のディストリビューションで使われている**SELinux（Security-Enhanced Linux）** や、Ubuntuなどで使われている**AppArmor**などです。

3.6.1　任意アクセス制御（DAC）と強制アクセス制御（MAC）

LSMを使って実装されている強制アクセス制御について説明する前に、アクセス制御の種類について簡単にまとめておきましょう。

任意アクセス制御（DAC）

「3.3 ファイルの所有権とパーミッション」で説明した所有権やパーミッションなどの設定を、ファイルなどのリソース所有者にアクセス制御を任せる方式を**任意アクセス制御（DAC: Discretionary**

第3章　Linuxコンテナで使うセキュリティ機能　25

Access Control）といいます。たとえば、自分が所有するファイルを他のユーザーに見せたい場合、chmodコマンドなどを使ってアクセス権を自分で制御できます。自分が持つ権限を他のユーザーに与えることができるため"discretionary"（日本語訳としては「任意」）という単語が使われています[2]。

強制アクセス制御（MAC）

システムの管理者が、システムに対して適用したいポリシーにしたがい、システムにアクセス制御を設定し、アクセス制御を強制する方式を**強制アクセス制御（MAC）**と呼びます。設定されたアクセス制御に反する処理は、例え自分が所有するリソースであっても変更できません。一般ユーザーだけでなく、rootユーザーであっても強制アクセス制御の設定に反する操作はできません。

3.6.2　強制アクセス制御によるコンテナへのアクセス制御

多くのコンテナ実行環境では、強制アクセス制御を使い、コンテナ内外でアクセス制御を行い、危険な操作を行えないように設定しています。

コンテナランタイム自体は、色々な方法でセキュリティを担保してコンテナを起動しています。しかし、万が一、カーネルやコンテナランタイムにセキュリティホールが存在し、コンテナランタイムで確保しているセキュリティを抜け出した時、コンテナから抜け出し、コンテナホスト上のリソースを操作されるかもしれません。

そこで、DockerやLXC/LXDといったコンテナランタイムで確保しているセキュリティに加えて、コンテナランタイムを実行するコンテナホスト環境では、コンテナホストや他のコンテナに危険が及ばないように強制アクセス制御を使います。強制アクセス制御は、このように、多重防御としてセキュリティを確保するために設定されています。

AppArmorやSELinuxは、説明しだすとそれだけで分厚い書籍が一冊できあがりそうですし、筆者は十分な知識がないため、本書ではこれ以上は説明しません。

ここまでで紹介した機能は、コンテナ以外でも使われる、Linuxカーネルに実装されている、一般的にセキュリティのための機能として認識されている機能でした。

しかし、コンテナに対するセキュリティを確保するために、カーネルのコード内でもさまざまなセキュリティを考慮した実装がされていたりしますし、一般的にセキュリティ機能とは認識されていない機能であっても、広い視点で見るとセキュリティのための機能と言える機能があります。

3.7　Namespaceとcgroup

一般的には、あまりセキュリティのための機能と認識がされていないかもしれませんが、本書の第1巻で紹介したNamespaceや、第2巻で説明したcgroupについても、広義のセキュリティ機能と言えるでしょう。

そもそも、独立した空間を作り出して他から自身を見えなくするNamespaceの機能は、セキュリ

---

2. 日本語で「任意」というとちょっと元の"discretionary"とは違った印象を受けると筆者は感じています。権限について一任された、任されたという感じでしょうか。

26 | 第3章　Linuxコンテナで使うセキュリティ機能

ティ機能そのものと言えるでしょう。

また、特定のタスクやコンテナによるリソースの独占を防いだり、ホスト上のリソースへのアクセスを制御したりするcgroupの機能は、システムの可用性を上げ、システムをセキュアに保つためのセキュリティ機能と言えます。

3.8　Namespaceを確認する実装

本書の第1巻で紹介したNamespaceは、コンテナそのものを作る機能と言っても良い機能です。

ホストが起動したあと、コンテナを作成するためにNamespaceを作ります。しかし、コンテナを作るときに初めてNamespaceが作られるのかというと、そうではありません。コンテナ作成以前にはNamespaceが存在していないのではなく、ホストが起動した時点で初期のNamespaceが存在しています。デフォルトで存在する初期のNamespaceにすべてのタスクが所属しているため、隔離されていないように見えるだけです。

カーネルのコード内には、Namespaceによる隔離を行ったりセキュリティを確保するために、処理が初期のNamespaceに対して行われているのか、それとも、あとで作られたNamespaceに対して処理が行われているのかをチェックするコードが多数存在します。

たとえばUser Namespaceでは、特権が必要な処理がNamespace内で実行されることがあります。しかしNamespace内では、特権が必要な処理すべてが認められているわけではありません。つまり、初期のNamespaceか、そうでないかで、チェックする内容や処理が変わってきます。初期のNamespaceでの処理か、Namespace内の処理かを確認する必要がある場面はたくさんあるでしょう。

独立した機能ではありませんが、Namespaceはそのような細かいセキュリティチェックを積み重ねて、セキュアにコンテナが起動するようになっています。

カーネル内でセキュリティを確保するためにNamespaceをチェックし、異なる処理を行っている例をひとつ見てみましょう。停止とリブートに関する処理です。

実は、3.4より前のカーネルでは、コンテナからホストのリブートや停止ができました。もちろん、OSとして起動しているシステムコンテナ上のシェルからshutdownコマンドやrebootコマンドといったコマンドを実行しても、initシステムにシグナルが送られるだけですので、コンテナが再起動するだけです。しかし、なんらかの方法リブートのためのシステムコールを実行すると、ホストがリブートしていました。

コンテナからホストがリブートされることを防ぐために、システムをリブート、停止できる権限に対するケーパビリティーであるCAP_SYS_BOOTをコンテナから削除したり、Seccompでシステムコールを制限するという対策が考えられます。しかし、そうするとコンテナ自体のリブートや停止がコンテナ内からできなくなります。そこで、カーネル側で対策がなされました[3]。

リブート、停止の処理はkernel/reboot.cに書かれています。リブート、停止のためのシステムコールは、reboot(2)です。このシステムコールの処理を少し見てみましょう。ここでは、6.1カーネルで説明します。

---

3. コミット https://git.kernel.org/pub/scm/linux/kernel/git/stable/linux.git/commit/?id=cf3f89214ef6a33fad60856bc5ffd7bb2fc4709b で対策されました

このコードは、6.1カーネルの場合 kernel/reboot.c の700行目付近にあります[4]。

```
700 SYSCALL_DEFINE4(reboot, int, magic1, int, magic2, unsigned int, cmd,
701             void __user *, arg)
702 {
703         struct pid_namespace *pid_ns = task_active_pid_ns(current);
704         char buffer[256];
705         int ret = 0;
706
707         /* We only trust the superuser with rebooting the system. */
708         if (!ns_capable(pid_ns->user_ns, CAP_SYS_BOOT))
709                 return -EPERM;
   :（略）
719         /*
720          * If pid namespaces are enabled and the current task is in a child
721          * pid_namespace, the command is handled by reboot_pid_ns() which
will
722          * call do_exit().
723          */
724         ret = reboot_pid_ns(pid_ns, cmd);
725         if (ret)
726                 return ret;
727
   :（略。このあとはホストの処理が行われる）
```

・703行目で、現在のタスクのPID Namespace を求めています
・708行目は、求めたPID Namespace 内でリブートをする権限（ケーパビリティー）があるかを調べています。ここで権限がなければエラーになります
・724行目の reboot_pid_ns() 関数で、PID Namespace 内でのリブート処理が行われます。コメントにあるように、現在のPID Namespace が初期のPID Namespace 以外の場合は、この reboot_pid_ns 関数内で処理が終了します（この関数に戻ってきません）
・727行目以降は、初期のNamespace 内の処理、つまりホスト自体のリブートやシャットダウン処理が行われます

この reboot_pid_ns 関数も見ておきましょう。この関数は kernel/pid_namespace.c 内の300行目付近にあります[5]。

4.https://elixir.bootlin.com/linux/v6.1/source/kernel/reboot.c#L700
5.https://elixir.bootlin.com/linux/v6.1/source/kernel/pid_namespace.c#L300

28 | 第3章　Linux コンテナで使うセキュリティ機能

```
300 int reboot_pid_ns(struct pid_namespace *pid_ns, int cmd)
301 {
302         if (pid_ns == &init_pid_ns)
303                 return 0;
304
305         switch (cmd) {
306         case LINUX_REBOOT_CMD_RESTART2:
307         case LINUX_REBOOT_CMD_RESTART:
308                 pid_ns->reboot = SIGHUP;
309                 break;
310
311         case LINUX_REBOOT_CMD_POWER_OFF:
312         case LINUX_REBOOT_CMD_HALT:
313                 pid_ns->reboot = SIGINT;
314                 break;
315         default:
316                 return -EINVAL;
317         }
318
319         read_lock(&tasklist_lock);
320         send_sig(SIGKILL, pid_ns->child_reaper, 1);
321         read_unlock(&tasklist_lock);
322
323         do_exit(0);
324
325         /* Not reached */
326         return 0;
327 }
```

これだけの短い関数です。

・302行目で、現在のPID Namespaceが初期のPID Namespaceかどうかを調べています。もし初期のNamespaceであれば、この関数から抜けます（303行目）。すると、さきほどのrebootシステムコールの727行目以降の処理に移り、ホスト自身のリブートや停止が処理されます

・305行目から317行目は、行いたい処理がリブートか停止かによって、PID Namespace内のPID 1のプロセスに送るシグナルの種別を設定します。リブートの場合はSIGHUP、停止の場合はSIGINTが送られます

・320行目で、設定したシグナルをPID Namespace内のPID 1のプロセスに送ります

・323行目でdo_exit(0)が呼ばれますので、ここで処理が終了し、325行目に"Not reached"と書いてあるとおり、この関数の最後に処理が到達することはありません。つまりホスト側のリブートや終了の処理が実行されることはありません

このような処理が3.4カーネルで追加されたため、それ以降は、コンテナ内でrebootシステムコールを呼んで、コンテナからホストをリブートできなくなりました。

3.9 prlimit

コンテナで使うリソースを制限するための機能といえば、cgroupが真っ先に思いつきます。一方で、従来Linuxカーネルに備わっていた機能もあり、コンテナでも使えます。

Linuxカーネルには、prlimit(2)というシステムコールがあり、プロセスに設定されているリソースリミットを変更できます。

prlimit(2)システムコールを持ち出すと難しく聞こえますが、たとえばシェルでulimitコマンドを用いたり、PAM認証モジュールのひとつであるpam_limitsが使う設定ファイルである/etc/security/limits.confを使って、プロセスに設定されているリソースリミットを変更したことがある方は多いのではないでしょうか。プロセスで開けるファイルの数が上限に達したので、nofileパラメーターを変更した、というようなときです。

prlimit(2)で扱う値に関連して、ulimitコマンドやlimits.confファイルだけでなく、prlimit(1)というコマンドも存在し、制限値を確認したり変更したりできます。

```
$ prlimit --pid $$   （カレントシェルの制限値を確認）
RESOURCE    DESCRIPTION                        SOFT      HARD UNITS
AS          address space limit            unlimited unlimited bytes
CORE        max core file size                    0 unlimited bytes
CPU         CPU time                       unlimited unlimited seconds
DATA        max data size                  unlimited unlimited bytes
FSIZE       max file size                  unlimited unlimited bytes
LOCKS       max number of file locks held  unlimited unlimited locks
MEMLOCK     max locked-in-memory address space 512745472 512745472 bytes
MSGQUEUE    max bytes in POSIX mqueues        819200    819200 bytes
NICE        max nice prio allowed to raise        0         0
NOFILE      max number of open files           1024   1048576 files
NPROC       max number of processes           15191     15191 processes
RSS         max resident set size          unlimited unlimited bytes
RTPRIO      max real-time priority                0         0
RTTIME      timeout for real-time tasks    unlimited unlimited microsecs
SIGPENDING  max number of pending signals     15191     15191 signals
STACK       max stack size                  8388608 unlimited bytes
$ prlimit --pid $$ --nofile=2048   （開けるファイル数の上限を2048に変更）
$ prlimit --pid $$ --nofile
RESOURCE DESCRIPTION            SOFT HARD UNITS
NOFILE   max number of open files 2048 2048 files
（設定通り2048に変更された）
```

30 │ 第3章　Linuxコンテナで使うセキュリティ機能

コンテナランタイムでも、この機能をサポートしています。

Dockerでは、コンテナ実行時に--ulimitで制限値を設定できます。

```
$ docker run -ti --ulimit nofile=1024:1024 rockylinux:8-minimal bash -c "ulimit
-n"
1024
```

LXCやLXDの場合、コンテナの設定で制限値を設定できます。LXDの場合は、インスタンスの設定でlimits.kernel.で始まる設定項目で設定できます。たとえば、先の例と同様にファイルを開ける数を設定する場合は、limits.kernel.nofileを設定すれば、先のDockerの例と同じように設定できます。

```
$ lxc start u1
$ lxc exec u1 -- prlimit --nofile
RESOURCE DESCRIPTION                 SOFT HARD UNITS
NOFILE    max number of open files 4096 4096 files
  （コンテナ内でprlimitコマンドを使いnofileの値を確認。4096）
$ lxc config set u1 limits.kernel.nofile 2048
  （設定を2048に変更）
$ lxc restart u1
  （コンテナの再起動）
$ lxc exec u1 -- prlimit --nofile
RESOURCE DESCRIPTION                 SOFT HARD UNITS
NOFILE    max number of open files 2048 2048 files
  （nofileの値を確認すると2048になっている）
```

3.10 sysctlパラメーター

Linuxカーネルは、色々なパラメーターを設定して、カーネルの動きを変更できます。このカーネルの各種実行パラメーターを設定したり確認したりする場合、sysctlコマンドを使います。この設定はsysctlコマンドを使わなくても、/proc/sys以下のファイルで確認したり設定したりできます。このコマンドを使って、Linuxホストの各種設定を変更したことがある方は多いのではないでしょうか。

このパラメーターは、システム全体で共通な値であることもありますが、Namespace（コンテナ）ごとに独立した値を保持するパラメーターもあります。

Namespaceごとに値が設定できるパラメーターを使い、コンテナのリソース制限をしたり、制限を緩めたりできることもあるでしょう。

第3章　Linuxコンテナで使うセキュリティ機能　31

3.11 プロセスのno_new_privsビット

Linuxで新しいプロセスを起動するには、fork(2)やclone(2)システムコールを使い、親プロセスのコピーを作成し、その後execve(2)システムコールで目的のプログラムを実行します。

ここで、execve(2)システムコールは、新しく起動させるプログラムに、親プロセスが持っていなかった権限を与えることができます。たとえば、「3.3 ファイルの所有権とパーミッション」で紹介した、setuidやsetgidが設定されたファイルを実行すると、実行時の権限が変わります。便利に使う場合は良いのですが、プログラムの脆弱性が原因で権限昇格が起こったりすると攻撃につながります。

このような不要な権限の付与を防ぐために、3.5カーネル以降、プロセスにno_new_privsが設定できるようになりました。no_new_privsを設定すると、execve()の呼び出しをしないとできなかった特権を付与しないようになります。

no_new_privsは、prctl(2)システムコールでPR_SET_NO_NEW_PRIVSを指定して設定します。設定されているとsetuidやsetgid、ファイルケーパビリティーなどは動作しなくなります[6]。

no_new_privsは、fork()やclone()で生成される子プロセスにも継承され、execve()の呼び出し前後で保持されます。

この機能により、不要な権限昇格を防ぐことができ、セキュアにコンテナが実行できるようになります。

実際にこの機能の動きを見てみましょう。

3.11.1 Dockerコンテナでの実行例

一般ユーザーを作成し、setuidを設定したコマンドを準備したコンテナがあります。これをまずはno_new_privsを指定しないで起動してみましょう。

```
$ docker run --rm -ti tenforward /bin/bash
tenforward@c9a832bd94eb:~$ id
uid=1000(tenforward) gid=1000(tenforward) groups=1000(tenforward)
 (一般ユーザである)
tenforward@c9a832bd94eb:~$ ls -l
total 36
-rwsr-sr-x 1 root root 35328 Aug 31 12:57 mysleep
 (setuidしたコマンドmysleep)
tenforward@c9a832bd94eb:~$ ./mysleep 30 &  (mysleepを実行する)
[1] 11
tenforward@c9a832bd94eb:~$ ps aux | grep 11
root        11  0.0  0.0   2788  1408 pts/0    S    12:57   0:00 ./mysleep 30
 (root権限で実行されている)
```

---

6. ファイルケーパビリティーについては第4章で説明します。

32 | 第3章 Linuxコンテナで使うセキュリティ機能

このmysleepコマンドは、sleepコマンドをコピーしてsetuidしただけのコマンドです。コピーした後、所有者をrootに変更し、setuidしました。このコマンドを一般ユーザーで実行すると、たしかにroot権限で実行されています。一般ユーザーで実行したにもかかわらず、権限が昇格し、コマンドが実行されています。これは普通のsetuidの動きです。

それでは、コンテナを起動する際に、no_new_privs機能を使うように指定して起動してみましょう。Dockerの場合は`--security-opt=no-new-privileges:true`を指定します。

```
$ docker run --rm -ti --security-opt=no-new-privileges:true tenforward /bin/bash
tenforward@195010ec8871:~$ id
uid=1000(tenforward) gid=1000(tenforward) groups=1000(tenforward)
tenforward@195010ec8871:~$ ls -l
total 36
-rwsr-sr-x 1 root root 35328 Aug 31 12:57 mysleep
（setuidされている）
tenforward@195010ec8871:~$ ./mysleep 30 &
[1] 11
tenforward@195010ec8871:~$ ps aux | grep 11
tenforw+    11  0.0  0.0   2788  1408 pts/0    S    13:06   0:00 ./mysleep 30
（一般ユーザー権限で実行されている）
```

さきほどと同じ操作をしたにもかかわらず、mysleepコマンドは一般ユーザー権限で実行されています。つまり権限昇格が防げたわけです。

3.11.2　LXDコンテナでの実行例

LXCやLXDから起動するコンテナの場合、LXCの設定でno_new_privs機能が設定できます。次の実行例のraw.lxcで設定しているlxc.no_new_privs = 1という設定がno_new_privsの設定です。LXDコンテナで試してみましょう。

```
$ lxc config show u1
architecture: x86_64
config:
  : （略）
  raw.lxc: lxc.no_new_privs = 1
  : （略）
$ lxc start u1
$ lxc exec --user 1000 --group 1000 u1 bash
ubuntu@u1:/$ cd /home/ubuntu/
ubuntu@u1:/home/ubuntu$ ls -l
total 36
-rwsr-sr-x 1 root root 35328 Aug 31 13:26 mysleep
```

第3章　Linuxコンテナで使うセキュリティ機能　33

```
（setuidされている）
ubuntu@u1:/home/ubuntu$ ./mysleep 10 &
[1] 481
ubuntu@u1:/home/ubuntu$ ps aux | grep 481
ubuntu      481  0.0  0.0   6188  1920 pts/1    S    13:32   0:00 ./mysleep 10
```

さきほどのDockerの例と同様に、プログラムはsetuidされていましたが、root権限ではなく、一般ユーザー権限のまま動作しています。

LXDは、Dockerと異なり、システムとしてコンテナを動作させることが多いので、コンテナの運用要件によっては、この機能を使って権限昇格を禁止すると動作や運用に問題が出るかもしれません[7]。しかし、設定することで、Dockerと同様に権限昇格を防げます。

この機能の詳しくはカーネル付属文書"No New Privileges Flag"[8]、man 2 prctlなどをご覧ください。

3.12　リードオンリーマウント

コンテナ内のファイルやディレクトリーへの書き込みや、ファイルの作成を防ぎたい場合、コンテナのファイルシステムやその一部をリードオンリー、つまり読み取り専用でマウントすることがよく行われます。

リードオンリーマウントが一番使われるのは、Linuxでシステムのさまざまな情報を取得したり、システムの動作に関係するパラメーターを設定したりするprocファイルシステムや、デバイスやドライバーの情報を取得するためなどに使われるsysファイルシステムでしょう。

特に、書き込みが行われるとホストや他のコンテナへの影響が大きい、カーネルの各種実行パラメーター（sysctlで設定するパラメーター）が収められたファイルの存在する/proc/sys以下や、直接ホストをリブートしたり、シャットダウンしたりもできる/proc/sysrq-triggerファイルなどは、リードオンリーでマウントされていることが多いです。

また、リードオンリーマウントに加えて、これらのディレクトリーやファイルに対しては、多重防御として、別途「3.6 LSMを使った強制アクセス制御」で紹介したAppArmorなどの強制アクセス制御でも保護されている場合が多いです。

Docker、LXC、LXDで、リードオンリーマウントがされている例を見てみましょう。

3.12.1　Dockerで起動したコンテナの場合

次の実行例は、Dockerで起動したRocky Linux 8コンテナです。

マウント情報が収められている/proc/self/mountinfoファイルを、コンテナ内で確認しています。6番目のフィールドにマウントオプションが表示されており、その中にroという文字列のある

7.execve() したあとの子プロセスに与える権限をもう少し細かく制御したい場合は Ambient ケーパビリティーが使えます。Ambient ケーパビリティーは第 4 章で説明します。
8.https://docs.kernel.org/userspace-api/no_new_privs.html

34　│　第3章　Linuxコンテナで使うセキュリティ機能

行が、リードオンリーマウントされているマウントです[9]。

```
$ docker run -ti rockylinux:8-minimal /bin/bash
（コンテナを起動）
# grep -E "(/proc |sysrq|/proc/sys|/sys)" /proc/self/mountinfo
81 80 0:53 / /proc rw,nosuid,nodev,noexec,relatime - proc proc rw
84 80 0:56 / /sys ro,nosuid,nodev,noexec,relatime - sysfs sysfs ro
85 84 0:45 / /sys/fs/cgroup ro,nosuid,nodev,noexec,relatime - cgroup2 cgroup rw
67 81 0:53 /sys /proc/sys ro,nosuid,nodev,noexec,relatime - proc proc rw
68 81 0:53 /sysrq-trigger /proc/sysrq-trigger ro,nosuid,nodev,noexec,relatime -
proc proc rw
75 84 0:60 / /sys/firmware ro,relatime - tmpfs tmpfs ro,inode64
```

上記の例の場合、次のようにマウントされています。
- （1行目）/procは読み書き可能（rw）
- （2行目）/sysはリードオンリー
- （3行目）cgroupファイルシステムである/sys/fs/cgroupはリードオンリー
- （4行目）/proc/sysはリードオンリー
- （5行目）/proc/sysrq-triggerはリードオンリー
- （6行目）/sys/firmwareはリードオンリー

3.12.2　LXCで起動した特権コンテナの場合

LXCは、設定次第で、/proc、/sysについてはどのようにでもマウントできます。

デフォルトで使用される設定ファイルでは、root権限で起動するコンテナ（特権コンテナ）を作成した場合、次のファイルやディレクトリーがリードオンリーでマウントされます。cgroupについては、cgroup Namespaceが存在する場合は何もしません。一方で、cgroup Namespaceを作成せずにコンテナを起動した場合は、コンテナに関係するcgroup以外はリードオンリーでマウントされます。
- /proc/sys
- /proc/sysrq-trigger
- /sys/devices/virtual/net以外の/sys
- （cgroup Namespaceを作成していない場合）起動したコンテナと関係ないcgroupファイルシステム上のディレクトリー

実際にコンテナを起動して見てみましょう。

```
$ sudo lxc-start c1
（コンテナを起動）
$ sudo lxc-attach c1 sh
```

9."/proc/mountinfo"ファイルの中身については"man 5 proc"をご覧ください

第3章　Linuxコンテナで使うセキュリティ機能　｜　35

```
（コンテナ内でシェルを起動）
# grep -E "(/proc |sysrq|/proc/sys|/sys)" /proc/self/mountinfo
82 80 0:53 / /proc rw,nosuid,nodev,noexec,relatime shared:13 - proc proc rw
83 84 0:53 /sys/net /proc/sys/net rw,nosuid,nodev,noexec,relatime shared:15 -
proc proc rw
84 82 0:53 /sys /proc/sys ro,relatime shared:14 - proc proc rw
85 82 0:53 /sysrq-trigger /proc/sysrq-trigger ro,relatime shared:16 - proc proc
rw
87 80 0:54 / /sys ro,nosuid,nodev,noexec,relatime shared:17 - sysfs sysfs rw
88 87 0:54 /devices/virtual/net /sys/devices/virtual/net rw,nosuid,nodev,noexec,
relatime shared:18 - sysfs sysfs rw
86 87 0:45 / /sys/fs/cgroup rw,nosuid,nodev,noexec,relatime shared:19 - cgroup2
none rw
  ：（略）
```

先に紹介したようにマウントされています。

3.12.3　LXDで起動したコンテナの場合

　LXDは、デフォルトではUser Namespaceを使った一般ユーザー権限でコンテナを起動しますので、特に何も制御していません。仮に上記で挙げたファイルやディレクトリーへの書き込みが行われても、一般ユーザー権限ですので許可されません。

```
$ lxc start c1
（コンテナの起動）
$ lxc exec c1 sh
（コンテナ内でシェルを実行）
~ # whoami
root　（ユーザーはrootである）
~ # grep '/proc ' /proc/self/mountinfo
80 78 0:52 / /proc rw,nosuid,nodev,noexec,relatime shared:17 - proc proc rw
（/procは読み書き可能でマウントされている）
~ # grep '/proc/sysrq-trigger' /proc/self/mountinfo
（/proc/sysrq-triggerファイルは別にリードオンリーでマウントされていない）
~ # echo b > /proc/sysrq-trigger
sh: can't create /proc/sysrq-trigger: Permission denied
（書き込みはできない）
~ #
```

　上の例は、LXDを使って起動したコンテナで、/proc/sysrq-triggerへ書き込みを行おうとしたものの、"Permission denied"というエラーが出て書き込めなかった様子です。/procは読み書き可

36　第3章　Linuxコンテナで使うセキュリティ機能

能でマウントされているにもかかわらず、書き込みは拒否されています。User Namespaceを使っている場合は、上のようにリードオンリーマウントを使わずにセキュリティが確保できています[10]。

　LXDで、root権限でコンテナを起動した場合（特権コンテナを起動した場合）は、先に紹介したLXCの例と同様の設定が行われ、リードオンリーマウントを使用します。

---

10. もちろん、User Namespace による保護に加えて、AppArmor を使ったアクセス制御も設定されているケースが多いです。

第4章 ケーパビリティー

　ここからは、Linuxカーネルに実装されているケーパビリティーについて説明します。ケーパビリティーは2.2カーネルのころから実装されてきているかなり古くからある機能で、コンテナ向けの機能ではなく一般的に使われている機能です。もちろん、コンテナの安全性を高めるための重要な機能でもあります。

4.1　pingコマンドとICMPソケット

　このセクションはコンテナと全く無関係です。

　この章ではこのあと、ケーパビリティーを説明するためにpingコマンドを多用します。pingコマンドを使うと、説明がしやすいからです。しかし、実はLinuxカーネルには、ケーパビリティーと関係なくpingコマンドを実行するための機能があります。そこで、pingコマンドが、その機能を使った結果動いているのか、それともケーパビリティーを設定した結果動いているのか、区別がつくように、まずはその機能を紹介します。

　昔、pingコマンドは、RAWソケットを使用するので特権が必要でした。このため、昔のディストリビューションではpingコマンドはsetuidされていました。また、少し前のディストリビューションではケーパビリティーを使って必要な権限を与えていました。

　一般ユーザーに実行させるためだけに、pingコマンドにsetuidを使って特権を与えるのは権限を与えすぎです。そこで、ICMP_ECHOの送信と、それに対する応答（ICMP_ECHOREPLY）だけを受信できるICMPソケットという機能が、2.6.39カーネルで実装されました。

　このソケットを使えるユーザーはnet.ipv4.ping_group_rangeというsysctlパラメーターで制御できます。

```
$ sysctl net.ipv4.ping_group_range
net.ipv4.ping_group_range = 0    2147483647
```

　Ubuntu 22.04環境では上記のように設定されており、GIDが0〜2147483647のユーザーに許可されています。カーネルで設定されているデフォルト値は"1 0"で、誰も許可しません。この設定を変更しているのは、多くのディストリビューションでinitとして採用されているsystemdです。v243以降のsystemdでこのように設定されるようになりました。

　最近のディストリビューションでは、上記のようにsetuidやケーパビリティーによる特権を持っていなくてもpingコマンドが実行できます。

　少し前のディストリビューションでは、カーネルはこの機能を持っていますが、設定はされていないため、このあと説明するケーパビリティーを使って、一般ユーザーでもpingコマンドが実行で

きるようになっていました。

たとえばCentOS 7で、次のようにgetcapコマンドを使って設定されているケーパビリティーを確認すると、pingコマンドに必要なケーパビリティーが設定されていることがわかります。

```
$ uname -r
3.10.0-1160.95.1.el7.x86_64
$ sysctl net.ipv4.ping_group_range
net.ipv4.ping_group_range = 1    0
$ getcap /bin/ping
/bin/ping = cap_net_admin,cap_net_raw+p
```

このあと示す実行例では、ケーパビリティーを説明するため、ICMPソケットを使えないように設定されているという前提で説明します。もし、実際にお手元の環境で試そうと思った場合はsysctl -w net.ipv4.ping_group_range="1 0"のように設定をしてからお試しください[1]。

net.ipv4.ping_group_rangeは、man 7 icmpに説明があります。

4.2 setuid

Linuxでは、プロセスはroot権限（実効ユーザIDが0）で実行される特権プロセスと、一般ユーザ権限で実行される（実効ユーザIDが0以外の）非特権プロセスに分けられます。

しかし、一般ユーザが実行するプログラムであっても、処理内容によっては特権が必要な場合があります。

たとえば、一般ユーザーであっても自分のパスワードは変更できます。パスワードは/etc/shadowファイルに保存されることが多く、このファイルはroot以外に書き込み権はありません。そこで、passwdコマンドはsetuidされており、一般ユーザーであってもパスワードが変更できるようになっています。もちろん、コマンド中で誰のパスワードを変更しようとしているのか、などの必要なチェックを行っています。

```
$ ls -l /etc/shadow
-rw-r----- 1 root shadow 1031 Aug  3 13:57 /etc/shadow
（shadowファイルはroot以外書き込めない）
$ ls -l /usr/bin/passwd
-rwsr-xr-x 1 root root 59976 Nov 24  2022 /usr/bin/passwd
   ↑（このsがsetuidされている印）
```

先に述べたように、古い環境ではpingコマンドはsetuidされていました。次の例はUbuntu 18.04です。

---

1. 実際にお使いの環境であれば戻すことをお忘れなく (^^)

```
$ ls -l $(which ping)
-rwsr-xr-x 1 root root 64424 Jun 28 20:05 /bin/ping
```

4.3　ケーパビリティー

　先に紹介したように、pingコマンドは、（ICMPソケットが使えない場合は）パケット送信に**RAW
ソケット**を使います。このRAWソケットを使う場合には特権が必要ですので、昔の環境ではping
コマンドはsetuidされており、root権限で実行されていたのでした。

　逆に言うと、RAWソケットを使うために必要な権限のみが必要なのに、広範囲に渡るrootが持
つ強い権限すべてを、pingコマンドに渡していることになります。これはセキュリティ上の観点か
ら望ましいことではありません。

　Linuxには、rootが持っている絶対的な権限を細かく分け、必要な権限だけを与える仕組みが存
在します。これが**ケーパビリティー（capability）**です。ケーパビリティーはスレッドごとに設定
され、スレッドは自身が持つケーパビリティーを変更できます。ケーパビリティーを使えば、root
が持つ特権の一部だけを与えて、コマンドを実行できます。

　先にあげたRAWソケットを使うためには、CAP_NET_RAWというケーパビリティーを与えま
す。Linuxカーネルでは、このような細分化されたケーパビリティーが多数定義されており、
/usr/include/linux/capability.hで定義されています。

```
$ grep "#define CAP_" /usr/include/linux/capability.h
#define CAP_CHOWN            0
#define CAP_DAC_OVERRIDE     1
#define CAP_DAC_READ_SEARCH  2
#define CAP_FOWNER           3
#define CAP_FSETID           4
#define CAP_KILL             5
   ：（略）
```

　ケーパビリティーが実装されたのは結構古くて、2.2カーネル以降で使えます。しかし、カーネル
が進化するとともに新たなケーパビリティーが追加されているので、カーネルのバージョンによっ
て指定できるケーパビリティーが異なります。どのようなケーパビリティーが定義されており、そ
れぞれのケーパビリティーがどのような権限に対応しているのか、いつのカーネルから使えるよう
になったかについては、man 7 capabilitiesに載っています[2]。

　Linux 6.1の時点で、定義されているケーパビリティーは全部で41個です。いくつか紹介してお
きましょう。

2.http://man7.org/linux/man-pages/man7/capabilities.7.html

表4.1: ケーパビリティーの一覧（抜粋）

ケーパビリティー	ケーパビリティーが許可する操作・動作
CAP_CHOWN	ファイルのUIDとGIDを変更する
CAP_DAC_OVERRIDE	任意アクセス制御において、ファイルの読み、書き、実行の権限チェックをバイパスする
CAP_DAC_READ_SEARCH	任意アクセス制御において、ファイルの読み出し権限のチェック、ディレクトリーの読み出しと実行権限のチェックをバイパスする
CAP_KILL	シグナルを送信する際に、権限チェックをバイパスする
CAP_MKNOD	mknod(2)を使用してスペシャルファイルを作成する
CAP_NET_ADMIN	インターフェース、ルーティングなど各種ネットワーク関係の操作を実行する
CAP_NET_BIND_SERVICE	1024番未満の特権ポートをバインドする
CAP_NET_RAW	RAWソケット、PACKETソケットを使用する
CAP_SETUID	プロセスのUIDに対する任意の操作を行う
CAP_SETGID	プロセスのGIDと追加のGIDリストに対する任意の操作を行う。User Namespace にGIDのマッピングを書き込める
CAP_SETFCAP	ファイルケーパビリティーを設定する
CAP_SYS_ADMIN	マウント、スワップ領域の操作、ホスト名の設定など、システム管理用の操作を実行する
CAP_SYS_BOOT	リブートやシャットダウンを行う
CAP_SYS_CHROOT	chroot(2)を呼び出す
CAP_SYS_MODULE	カーネルモジュールをロード、アンロードする
CAP_SYS_NICE	プロセスのnice値を引き上げたり、変更したりする
CAP_SYS_TIME	システムクロックを変更する
CAP_SYSLOG	特権が必要なsyslog(2)操作の実行

　表4.1に書いたケーパビリティーが許可する操作・動作については、主要な機能を紹介するために、一部の操作・動作のみを書いているケーパビリティーがありますので、詳細はman 7 capabilities を参照してください。

　たとえば、CAP_SYS_ADMINやCAP_NET_ADMINなどは、カバーする権限の範囲が広く、様々な操作が行えます。

　ケーパビリティーは、それぞれ独立した機能に対して定義されているだけでなく、他のケーパビリティーを含むケーパビリティーも存在します。CAP_SYS_ADMINは、CAP_SYSLOGで許可される操作が実行できます。それでも、syslog(2)に関わる操作だけを行わせたい場合は、もちろんCAP_SYSLOG を与えるべきです。

　ここで、少しケーパビリティーの動きを見てみましょう。次のようにrootが所有するファイルがあります。

```
$ ls -l
total 0
-rw-r--r-- 1 root root 0 Sep  2 13:17 owned_by_root
```

第4章　ケーパビリティー　　41

このファイルは、一般ユーザーでは当然chownできません。

```
$ id -u
1000  （一般ユーザーである）
$ chown tenforward:tenforward owned_by_root
chown: changing ownership of 'owned_by_root': Operation not permitted
```

ここで、少し細工をしてCAP_CHOWNを与えたシェルを起動してあります。そして、その子プロセスにもCAP_CHOWNが継承されるようにしています。このようにケーパビリティーを与えてコマンドを実行する方法については、のちほど「4.7 Ambientケーパビリティー」で紹介しますので、ここではすでにケーパビリティーを設定したシェルが起動しているところから紹介します。コマンドの使い方は気にせず、結果をご覧ください。ケーパビリティーを確認するコマンドについても、後で説明します。

```
$ id -u
1000  （一般ユーザーである）
$ ls -l
total 0
-rw-r--r-- 1 root root 0 Sep  2 13:17 owned_by_root
$ getpcaps $$
1587: cap_chown=eip
 （シェルがCAP_CHOWNケーパビリティーを持っている）
$ chown tenforward:tenforward owned_by_root
 （一般ユーザーでchownを実行）
$ ls -l
total 0
-rw-r--r-- 1 tenforward tenforward 0 Sep  2 13:17 owned_by_root
 （chownが成功した）
$ killall systemd-timesyncd
systemd-timesyn(1955): Operation not permitted
 （CAP_KILLが必要なkillコマンドは成功しない）
```

さきほどは失敗した一般ユーザーが実行するchownが成功しました。与えられたCAP_CHOWN以外の特権は使えません。上の例では、自身が所有者でないプロセスをkillしようとしましたが、失敗しました。killにはCAP_KILLが必要です。

4.3.1　Dockerのケーパビリティー操作

Dockerから起動したコンテナで、デフォルトで許可されているケーパビリティーは次の通りです。

42　第4章　ケーパビリティー

```
$ docker run -ti --rm ubuntu bash
（コンテナ起動）
root@19e6000b49fc:/# apt update && apt install -y libcap2-bin
（getpcapsコマンドが使えるように）
root@19e6000b49fc:/# getpcaps $$
1: cap_chown,cap_dac_override,cap_fowner,cap_fsetid,cap_kill,cap_setgid,cap_setuid
,cap_setpcap,cap_net_bind_service,cap_net_raw,cap_sys_chroot,cap_mknod,
cap_audit_write,cap_setfcap=ep
（コンテナに設定されているケーパビリティー）
```

　デフォルトで設定されているケーパビリティーを削除するには、次のように--cap-dropオプションに、削除したいケーパビリティーを指定して実行します。

```
$ docker run -ti --rm --cap-drop="cap_chown" ubuntu bash
root@f5c0de008f4e:/#
root@f5c0de008f4e:/# chown nobody /root
chown: changing ownership of '/root': Operation not permitted
```

　逆に、デフォルトで設定されていないケーパビリティーを設定するには、--cap-addのあとに追加したいケーパビリティーを指定します。

```
$ docker run -ti --rm --cap-add="sys_admin" ubuntu bash
root@23ac0c246357:/# apt update && apt install -y libcap2-bin
 ：（略）
root@fbd6b5111785:/# getpcaps $$
1: cap_chown,cap_dac_override,cap_fowner,cap_fsetid,cap_kill,cap_setgid,cap_setuid
,cap_setpcap,cap_net_bind_service,cap_net_raw,cap_sys_chroot,cap_sys_admin,
cap_mknod,cap_audit_write,cap_setfcap=ep
（cap_sys_adminが追加されている）
```

　Dockerでのケーパビリティーの操作、デフォルトで許可されているケーパビリティー、追加できるケーパビリティーについては、Dockerのマニュアルをご覧ください[3]。
　ここまでで、簡単にケーパビリティーの概略と簡単な動きを見てきました。ここからはもう少し詳しくケーパビリティーの仕組みについて見ていきましょう。

4.4　プロセスのケーパビリティー

　プロセス（実際はスレッド）は、それぞれ4種類の、**ケーパビリティーセット**というケーパビリ

3.https://docs.docker.jp/engine/reference/run.html#runtime-privilege-linux-capabilities

第4章　ケーパビリティー　43

ティーの組を持っています。ケーパビリティーセットは、内部的にはビット列で、ケーパビリティー
を持っていれば1がセットされます。

Permitted（許可）
EffectiveとInheritableで持つことを許されるケーパビリティーセット

Inheritable（継承可能）
execve(2)した際に継承できるケーパビリティーセット

Effective（実効）
実際に、カーネルがスレッドに対する実行権限を判定するときに使うケーパビリティーセット

Ambient
特権を持たないプログラムをexecve(2)した際、子プロセスに継承されるケーパビリティーセット
（Linux 4.3以降で使用可能）

さらに、プロセスごとに取得できるケーパビリティーセットを制限するために、**Capability Bounding Set**（以降、バウンディングセット）があります。

実際にカーネルが、プロセスが持つ権限をチェックする時は、**Effectiveケーパビリティー**を
チェックします。つまりEffectiveで許可されていない操作はできません。

そして、ケーパビリティーが変化する機会は3種類あり、次のシステムコールを使用したときです。

capset(2)システムコール
ケーパビリティーを設定する

execve(2)システムコール
実行の前後でケーパビリティーが変化する

prctl(2)システムコール
Ambientケーパビリティーやバウンディングセットを設定する

execve(2)システムコールは、プログラムを実行するためのシステムコールです。このシステム
コールとケーパビリティーの関係については、このあと説明します。

4.4.1　実行中のプロセスが持つケーパビリティーを確認する

では、実際にプロセスでケーパビリティーが、どのように設定されているかを見てみましょう。

プロセス（スレッド）が持つケーパビリティーは、/proc/<PID>/statusファイルで確認できます。
たとえばPIDが1であるinitのPermitted（CapPrm）、Effective（CapEff）、バウンディングセット
（CapBnd）は、次のようにすべて1が設定された状態になっています[4]。

```
$ grep Cap /proc/1/status
CapInh: 0000000000000000
CapPrm: 000001ffffffffff
CapEff: 000001ffffffffff
CapBnd: 000001ffffffffff
```

---

4. この結果はディストリビューションやカーネルのバージョンによって異なります。カーネルでサポートされているケーパビリティーの数が異なると変わってくるためです。

```
CapAmb:    0000000000000000
```

ホストの時刻を合わせるサービスである systemd-timesyncd は、実行に必要な特定のケーパビリティーだけが設定されており、次のようになっています。

```
$ ps aux | grep systemd-timesyncd
systemd+    554  0.0  0.1  89352  6468 ?         Ssl  Sep02   0:00
/lib/systemd/systemd-timesyncd
$ grep Cap /proc/554/status
CapInh:    0000000002000000
CapPrm:    0000000002000000
CapEff:    0000000002000000
CapBnd:    0000000002000000
CapAmb:    0000000002000000
```

上記の例のように、/proc/<PID>/status ファイルで、ケーパビリティーを確認できます。しかし、このファイルを見ただけでは、何かのビットが立っていることはわかっても、それぞれのビットが意味するケーパビリティーを覚えていないと、プロセスが何のケーパビリティーを持っているかはわかりません。

もう少しわかりやすくプロセスが持つケーパビリティーセットを確認したい場合は libcap に含まれる getpcaps コマンドが使えます。

```
$ getpcaps 554
554: cap_sys_time=eip
```

getpcaps コマンドを実行すると、cap_sys_time のように、持っているケーパビリティーと"eip"のように、どのケーパビリティーを持っているかが表示されます。"e"は Effective、"i"は Inheritable、"p"は Permitted です。

システムクロックを設定するには特権が必要です。ところが、systemd-timesyncd は systemd-timesync という一般ユーザー権限で動作しており、本来であればシステムクロックが設定できないはずです。しかし、上のようにシステムクロックを設定できるケーパビリティーである cap_sys_time を持っていますので、本来は一般ユーザではできないシステムクロックの設定ができるわけです。

つまり systemd-timesyncd は必要最低限のケーパビリティーのみを持った状態で実行されているということです。不要な特権を持たずにデーモンが実行されていますので、安全性が高まります。

4.4.2　プロセスのケーパビリティーを操作する

実際にケーパビリティーによって、必要な特権のみを持って動く例を見ましたので、この後は、実行中のプロセスが持っているケーパビリティーを操作する例を見てみましょう。

第4章　ケーパビリティー　│　45

特権を持っていないプロセスは、いきなり特権を取得できませんので、実行中のプロセスが、自身のケーパビリティーを操作する場合は、持っているケーパビリティーを減らしていくことになります。

　ケーパビリティーを持っていなければ、たとえrootであってもコマンドは実行できません。試してみましょう。libcapに含まれるcapshコマンドで簡単に試せます[5]。ここで指定するケーパビリティーは、マニュアルやcapability.hで定義されているケーパビリティーを指定します（小文字でも構いません）。

　capshで"--"を指定すると、それ以降の文字列を引数にbashを実行します。

```
# id
uid=0(root) gid=0(root) groups=0(root)
# capsh --drop="cap_net_raw" -- -c "ping -c 1 127.0.0.1"
/bin/bash: line 1: /usr/bin/ping: Operation not permitted
（cap_net_rawを削除して実行したのでrootユーザなのにpingが実行できない）
```

　CAP_NET_RAWケーパビリティーを削除したときに、ケーパビリティーがどのようになっているのかを確認しましょう。まずは、rootで普通に実行しているbashが持つケーパビリティーです。

```
# grep Cap /proc/$$/status
CapInh: 0000000000000000
CapPrm: 000001ffffffffff
CapEff: 000001ffffffffff
CapBnd: 000001ffffffffff
CapAmb: 0000000000000000
```

　サポートされているケーパビリティーすべてが、有効になっているのがわかります。ここでCAP_NET_RAWを削除すると次のようになります。

```
# capsh --drop="cap_net_raw" --
# grep Cap /proc/$$/status
CapInh: 0000000000000000
CapPrm: 000001ffffffdfff
CapEff: 000001ffffffdfff
CapBnd: 000001ffffffdfff
CapAmb: 0000000000000000
```

　/usr/include/linux/capability.hを見ると、CAP_NET_RAWは13ですので、13ビットシフトした下位から14ビット目が0になっているのがわかります。

5.capsh の使い方はかなり難解なのですが…(^^)

46　　第4章　ケーパビリティー

4.5　ファイルケーパビリティー

　プロセスは、先に述べたようにケーパビリティーセットを持っています。実行中にケーパビリ
ティーを変更できますが、今持っていないケーパビリティーをいきなりプロセス実行中に増やすこ
とはできません。基本的に、ケーパビリティーは実行中に操作すると減っていくだけです。

　セキュリティ的には不要な特権が減っていくわけですから意味があるわけですが、最初から特定
の特権を与えておきたいケースには対応できません。pingコマンドに設定されていたsetuidのよ
うなケースです。

　そこでsetuidのように、あらかじめファイルにケーパビリティーを設定しておくことができま
す。これが**ファイルケーパビリティー**です。

　プロセスが持つケーパビリティーと同様に、ファイルケーパビリティーも、**Permitted**、**Inheri-
table**、**Effective**という3つのケーパビリティーセットがあります。ただし、プロセスが持つケー
パビリティーセットと違い、ファイルケーパビリティーのEffectiveケーパビリティーは、0 or 1い
ずれかの単一の値です。

　次の例は、CentOS 7にインストールされているpingコマンドです。このセクションの実行例は
CentOS 7上での例です。

```
$ ls -l /bin/ping
-rwxr-xr-x. 1 root root 69160 May 11 23:22 /bin/ping
 (setuidされていない)
$ id -u
1000   (一般ユーザで実行)
$ sysctl net.ipv4.ping_group_range
net.ipv4.ping_group_range = 1    0
 (ICMPソケットは使えない状態)
$ ping -c 1 127.0.0.1
PING 127.0.0.1 (127.0.0.1) 56(84) bytes of data.
64 bytes from 127.0.0.1: icmp_seq=1 ttl=64 time=0.021 ms

--- 127.0.0.1 ping statistics ---
1 packets transmitted, 1 received, 0% packet loss, time 0ms
rtt min/avg/max/mdev = 0.021/0.021/0.021/0.000 ms
 (pingが実行できた)
```

　このようにsetuidされていませんが、pingコマンドは実行できています。これは、ファイルケー
パビリティーが設定されているからです。

　ファイルケーパビリティーを確認するには、libcapに含まれるgetcapコマンドを使います。出
力は、先に紹介したgetpcapsコマンドと同じです。

第4章　ケーパビリティー　｜　47

```
$ getcap /bin/ping
/bin/ping = cap_net_admin,cap_net_raw+p
```

この出力は、/bin/pingには、ファイルケーパビリティーのPermittedケーパビリティーとして、CAP_NET_ADMINとCAP_NET_RAWケーパビリティーが設定されているという意味です[6]。

ファイルケーパビリティーは安全のために、コピーすると設定が外れます[7]。

```
$ cp /bin/ping .
$ getcap ./ping
（ファイルケーパビリティーが何も設定されていない）
$ ./ping 127.0.0.1
ping: socket: Operation not permitted  （権限がないので実行できない）
```

このように、ファイルケーパビリティーが設定されていないので、コピーしたpingコマンドは一般ユーザーでは実行できません。

ここで、コピーしたpingコマンドを一般ユーザ権限で実行できるように、ファイルケーパビリティーでCAP_NET_RAWを付与しましょう。ファイルケーパビリティーを設定するには、setcapコマンドを使います。ここでは、cap_net_raw+pとして、CAP_NET_RAWをPermittedに設定しています[8]。

```
$ sudo setcap cap_net_raw=p ./ping  （permittedをオン）
$ getcap ./ping
./ping = cap_net_raw+p  （cap_net_rawが設定された）
$ ./ping -c 1 127.0.0.1
PING 127.0.0.1 (127.0.0.1) 56(84) bytes of data.
64 bytes from 127.0.0.1: icmp_seq=1 ttl=64 time=0.023 ms

--- 127.0.0.1 ping statistics ---
1 packets transmitted, 1 received, 0% packet loss, time 0ms
rtt min/avg/max/mdev = 0.023/0.023/0.023/0.000 ms
（実行できた）
```

ファイルケーパビリティーを設定するには特権が必要ですので、上の例ではsetcapコマンドだけはroot権限で実行しています。

---

6. ケーパビリティーのアルゴリズムをご存知の方は、Permittedだけでなく Effectiveも設定されていないとダメではないかと思われるかもしれません。iputilsの"ping"コマンドでは、ファイルケーパビリティーの"permissive"が有効かどうかをチェックして、自身で実行中にEffectiveを設定する処理を行っています。ケーパビリティーのアルゴリズムについてはあとで説明します。

7. "cap_setfcap"ケーパビリティーがあれば、ケーパビリティーを保持したままファイルコピーできます。

8. ケーパビリティーを指定する文字列の書式については"man 3 cap_from_text"（https://man7.org/linux/man-pages/man3/cap_from_text.3.html）をご覧ください

48　　第4章　ケーパビリティー

4.6　プログラム実行時のケーパビリティー

それでは、execve(2) システムコールを使ってプログラムを実行する際に、ケーパビリティーがどのように変化するのかを説明します。そのあとで、Ambientケーパビリティーと、ケーパビリティーバウンディングセットについて説明します。

Linux上で実行されるプログラムは、fork(2) やclone(2) システムコールを使って親プロセスを複製して生成し、複製したあとにexecve(2)[9]システムコールで目的のプログラムを実行します。

このexecve(2) でプログラムを実行する際に、カーネルは、実行後のプロセスが持つケーパビリティーを計算します。計算には、次のアルゴリズムが使われます。

```
P'(ambient)     = (file is privileged) ? 0 : P(ambient) ... (1)

P'(permitted)   = (P(inheritable) & F(inheritable)) |
                  (F(permitted) & P(bounding)) | P'(ambient) ... (2)

P'(effective)   = F(effective) ? P'(permitted) : P'(ambient) ... (3)

P'(inheritable) = P(inheritable)

P'(bounding)    = P(bounding)
```

ここで、記号は次の意味で、かっこ内が「4.4 プロセスのケーパビリティー」で紹介した4つのケーパビリティーセットです。

P()
execve(2) 前のスレッドのケーパビリティーセット
P'()
execve(2) 後のスレッドのケーパビリティーセット
F()
ファイルケーパビリティーセット
を示します[10]。

4.6.1　execve後のケーパビリティーの計算とファイルケーパビリティー

ここで一番複雑に見えるのは、式（2）で表されるPermittedケーパビリティーの計算です。

式（1）のAmbientケーパビリティーについてはあとで詳しく説明しますので、まずは式（2）を見ます。

式（2）の最初の部分"P(inheritable) & F(inheritable)"、ふたつめの部分"F(permitted) & P(bounding)"、最後の部分P'(ambient)はORですので、いずれかで許可されれば、execve(2)

9.http://man7.org/linux/man-pages/man2/execve.2.html

10."?"や":"の記号は三項演算子です。

第4章　ケーパビリティー　│　49

後のPermittedケーパビリティーで許可されます。

Ambient（P'（ambient））を除いたいずれも、それぞれファイルケーパビリティーが関係してい
ます。この式（2）を見れば、ファイルケーパビリティーで設定する3つのケーパビリティーセット
の役割は明確です。

ファイルケーパビリティーで設定できる、それぞれのケーパビリティーセットを紹介しながら、
この式（2）のAmbientを除いた部分について合わせて説明しましょう。

Permitted

ここで許可したケーパビリティーは、Inheritableケーパビリティーでの許可の有無に関わらず、
execve(2)後のPermittedケーパビリティー（P'（permitted））で許可されます。ただし、バウン
ディングセット（P(bounding)）で許可されている場合のみです。あとでバウンディングセットの
部分で詳しく説明します

Inheritable

ここで許可したケーパビリティーは、プロセスのexecve(2)前のInheritableケーパビリテ
ィー（P(inheritable)）で許可されていれば、execve(2)後のPermittedケーパビリティー（P'
（permitted））で許可されます

Effective

ファイルケーパビリティーのEffectiveケーパビリティーは、他のふたつと違って、0 or 1の単一の
値です

式（3）のように、**ファイルケーパビリティーのEffectiveケーパビリティー**が、

設定されている場合

アルゴリズムで計算したexecve(2)後のPermittedケーパビリティー（P'（permitted））の値が、
execve(2)後のEffectiveケーパビリティー（P'（effective））に設定されます

設定されていない場合

execve(2)後のAmbientケーパビリティーの値（P'（ambient））が、execve(2)後のEffectiveケー
パビリティー（P'（effective））に設定されます

4.7 Ambientケーパビリティー

ここまで説明したファイルケーパビリティーを使えば、一般ユーザに必要なケーパビリティーを
与えてプロセスを実行できます。先のpingコマンドのように、システム上のユーザー誰にでも必要
なケーパビリティーを与えたいという場合には、ファイルケーパビリティーが有効です。

ところが、ファイルケーパビリティーはファイルに属性を持たせますので、**誰が実行した場合で
も**、その特権を与えた状態でプロセスが実行されます。

セキュリティ的に、特権を与える範囲を最小限に限定したいという場合、たとえば一般ユーザ権
限で必要な特権を持ったプログラムは実行したいけれども、誰でもそのプログラムを実行できては
困るという場合には対応できません。

親プロセスが持っているケーパビリティーの一部だけを継承し、一般ユーザ権限でプロセスを実
行できれば、不要に広い範囲にケーパビリティーを与えることにはなりません。

50　　第4章　ケーパビリティー

このような場合に使うのが**Ambientケーパビリティー**です。このAmbientケーパビリティーは比較的新しい機能で、**Linux 4.3**で追加されました。

　この機能が追加されるまで、先に紹介したアルゴリズムは、次のようにAmbientケーパビリティーがないアルゴリズムでした。

```
P'(permitted) = (P(inheritable) & F(inheritable)) |
                (F(permitted) & cap_bset)

P'(effective) = F(effective) ? P'(permitted) : 0

P'(inheritable) = P(inheritable)

(cap_bsetはバウンディングセット)
```

　このAmbientケーパビリティーがないころのアルゴリズムでも、Inheritableケーパビリティーがありますので、必要最小限の任意のケーパビリティーを持った子プロセスを生成できそうな気がします。しかし実は、いくら特権を持っていたとしても、ケーパビリティーを与える範囲を限定したいという要件は満たせません。

　なぜなら、先に説明したようにexecve(2)で生成したプロセスにケーパビリティーを与えるには、ファイルケーパビリティーを設定しないとP'(permitted)で目的のケーパビリティーセットを有効にできません。その結果、生成するプロセスでのケーパビリティーセットP'(effective)で、ケーパビリティーを有効にできません。

　ファイルケーパビリティーを設定してしまうと、先に述べたような、与える特権を必要最小限にしたいという要求を満たせません。

　そこで登場したのがAmbientケーパビリティーです。Ambientケーパビリティーは、**特権を持たないプロセス**のexecve(2)の前後で継承されるケーパビリティーです。

　ここで、「4.6 プログラム実行時のケーパビリティー」で紹介した、execve(2)でプログラムを実行する際に計算されるケーパビリティーのアルゴリズムを再掲します。

```
P'(ambient)     = (file is privileged) ? 0 : P(ambient) ... (1)

P'(permitted)   = (P(inheritable) & F(inheritable)) |
                  (F(permitted) & P(bounding)) | P'(ambient) ... (2)

P'(effective)   = F(effective) ? P'(permitted) : P'(ambient) ... (3)

P'(inheritable) = P(inheritable)

P'(bounding)    = P(bounding)
```

まず、Ambientケーパビリティーは、設定する時点で、**PermittedケーパビリティーとInheri-table ケーパビリティーの両方**で、目的のケーパビリティーが有効にされていなければ設定できません。

　また、PermittedケーパビリティーとInheritableケーパビリティーから目的のケーパビリティーが削除されると、Ambientケーパビリティーからもそのケーパビリティーは削除されます。

　そして、アルゴリズムの (1) にあるように、setuid、setgid、ファイルケーパビリティーといった、ファイル自体に**特権を与える設定がされていない場合にのみ**、Ambientケーパビリティーが子プロセスに継承されます（条件"file is privileged"の部分）。

　そして (2)、(3) の式のようにファイルケーパビリティーに関わらず、Ambientケーパビリティーは継承されます。

　先に書いたような目的の場合に、誰もが期待するように動作するすっきりとした機能です。

　ここで、Ambientケーパビリティーの実行例を示しておきましょう。

　ファイルケーパビリティーもsetuidも設定されていないpingコマンドを、一般ユーザー権限で、Ambientケーパビリティーを使って実行しましょう。

```
$ id -u
1000
$ cp /bin/ping .  （コピーしたのでファイルケーパビリティーははずれる）
$ /sbin/getcap ./ping  （ファイルケーパビリティーは設定されていない）
$ ./ping -v 127.0.0.1
./ping: socket: Operation not permitted
./ping: socket: Operation not permitted
 （一般ユーザー権限では実行できない）
$ sudo capsh --caps="cap_setpcap,cap_setgid,cap_setuid+ep cap_net_raw+ip" \  (1)
> --keep=1 \  (2)
> --gid=1000 --uid=1000 \  (3)
> --addamb="cap_net_raw" \  (4)
> --print \  (5)
> -- -c "./ping -c 1 127.0.0.1"  (6)
Current: cap_net_raw=ip cap_setgid,cap_setuid,cap_setpcap+p
Bounding set =cap_chown,cap_dac_override,cap_dac_read_search,cap_fowner,cap_fsetid
,cap_kill,cap_setgid,cap_setuid,cap_setpcap,cap_linux_immutable,cap_net_bind_servi
ce,cap_net_broadcast,cap_net_admin,cap_net_raw,cap_ipc_lock,cap_ipc_owner,cap_sys_
module,cap_sys_rawio,cap_sys_chroot,cap_sys_ptrace,cap_sys_pacct,cap_sys_admin,cap
_sys_boot,cap_sys_nice,cap_sys_resource,cap_sys_time,cap_sys_tty_config,cap_mknod,
cap_lease,cap_audit_write,cap_audit_control,cap_setfcap,cap_mac_override,cap_mac_a
dmin,cap_syslog,cap_wake_alarm,cap_block_suspend,cap_audit_read,cap_perfmon,cap_bp
f,cap_checkpoint_restore
Ambient set =cap_net_raw
Current IAB: ^cap_net_raw
```

```
Securebits: 020/0x10/5'b10000
 secure-noroot: no (unlocked)
 secure-no-suid-fixup: no (unlocked)
 secure-keep-caps: yes (unlocked)
 secure-no-ambient-raise: no (unlocked)
uid=1000(tenforward) euid=1000(tenforward)
gid=0(root)
groups=0(root)
Guessed mode: UNCERTAIN (0)
PING 127.0.0.1 (127.0.0.1) 56(84) bytes of data.
64 bytes from 127.0.0.1: icmp_seq=1 ttl=64 time=0.428 ms

--- 127.0.0.1 ping statistics ---
1 packets transmitted, 1 received, 0% packet loss, time 0ms
rtt min/avg/max/mdev = 0.428/0.428/0.428/0.000 ms
（pingコマンドが実行できた）
```

　引数、実行結果ともに長いのでわかりづらいかもしれませんね。capshで行っていることを簡単に説明しましょう。capshコマンドは**指定した順でオプションが処理されます**ので、指定する順番が変わるとエラーになる可能性があります。

　オプションを与えた順に処理されますので、この例のように実行すると、

- (1) Ambientケーパビリティーを設定するために、
  - —cap_setpcapを親プロセス（capshコマンド）に設定。このケーパビリティーがないと、Ihneritableにケーパビリティーを設定できません
  - —UIDとGIDが1000のユーザー権限でコマンドを実行するために、"cap_setuid,cap_setgid"を親プロセスに設定。プロセスの実行ユーザーを変更するために必要。ここではGIDを変更する必要はないですが実行例としてやってみました
  - —Permitted、Inheritableケーパビリティーがないと、AmbientケーパビリティーにCAP_NET_RAWを設定できないので"cap_net_raw"を親プロセスに設定
- (2) あとで説明する**securebitsフラグ**を設定するために"--keep=1"を指定。このフラグを設定する際にもCAP_SETPCAPが必要
- (3) 一般ユーザー権限（UID=1000、GID=1000）で実行するために、"--gid=1000 --uid=1000"を指定。--userより先に--groupを指定する必要があります
- (4) "--addamb=cap_net_raw"を指定し、pingコマンドの実行に必要なCAP_NET_RAWをAmbientケーパビリティーに設定
- (5)capsh実行時の状態を確認するために"--print"オプションを指定
- (6)capshでbashを実行するために"--"を指定。その後の入力はbashの引数と解釈される。そこで、pingを実行するために"-c"でpingコマンドを指定

"Current"行を見ると、オプションで設定したケーパビリティーが設定されていること、"Ambient

set"行でCAP_NET_RAWが設定されていることが確認できます。

Ambientケーパビリティーを設定したので、pingコマンドが実行できています。

4.7.1 securebitsフラグ

通常は、特権を持ったプロセス（スレッド）のUIDが、0から、特権を持たない0以外に変化する際、そのプロセスはケーパビリティーを失います。特権を持たないプロセスになるわけですから、ケーパビリティーを失うのはセキュリティの観点から言っても納得できる動きです。

先の実行例では、root権限で実行するcapshを、--uidオプションを使って0から1000に変更しようとしています。何もしなければ、せっかく--capsオプションで与えたケーパビリティーが失われます。

この実行例のように、UIDを変更する際でもケーパビリティーを保持し続けたままにしたいケースがあります。その他にも、root権限で実行されているプロセスの、ケーパビリティーに関する扱いを変えたい場合があります。

このような場合に使う機能として、カーネルには**securebitsフラグ**が実装されています。securebitsフラグは、pcrtl(2)[11]システムコールを使って指定し、ケーパビリティーと同様に、**スレッドごと**に設定されます。このフラグを設定するにはCAP_SETPCAPケーパビリティーが必要です。

先の例で、--keep=1というオプションを指定したのが、UIDが0から1000に変わる際にもケーパビリティーを維持する指定です。コマンドを実行した結果に、"secure-keep-caps: yes (unlocked)"という行が表示されているのが、securebitsにフラグが設定されていることを示しています。

securebitsフラグに指定できるフラグは、現時点では4つほどあります。先の実行例でSecurebitsという行があり、そのあとに4つある項目がsecurebitsに設定できるフラグです。それぞれの機能について詳しくはcapabilities(7)[12]をご覧ください。

4.8 バウンディングセット（Capability Bounding Set）

最後に、バウンディングセットについて、少し詳しく説明しておきましょう。

バウンディングセットにはふたつの役割があり、スレッドごとに設定されます[13]。

execve(2)
実行時に取得できるケーパビリティーを制限する役割

capset(2)
システムコールでスレッドのケーパビリティーを設定する際に制限をかける役割[14]

まずはひとつめの役割を説明しましょう。

先にあげたプログラムを実行するときのアルゴリズムで、P'（permitted）の式（2）に"F(permitted)

11.http://man7.org/linux/man-pages/man2/prctl.2.html

12.http://man7.org/linux/man-pages/man7/capabilities.7.html

13.2.6.24 以前はシステム全体で共通の値でした

14.http://man7.org/linux/man-pages/man2/capset.2.html

54 | 第4章 ケーパビリティー

& P(bounding)"とあるように、ファイルケーパビリティーでPermittedケーパビリティーが指定されていても、バウンディングセットで許可されていないケーパビリティーは許可されません。

```
$ cp /bin/ping .
$ sudo setcap "cap_net_raw+p" ./ping  （permittedにcap_net_rawを設定）
$ id -u
1000
$ ./ping -c 1 127.0.0.1  （実行できる）
PING 127.0.0.1 (127.0.0.1) 56(84) bytes of data.
64 bytes from 127.0.0.1: icmp_seq=1 ttl=64 time=0.007 ms

--- 127.0.0.1 ping statistics ---
1 packets transmitted, 1 received, 0% packet loss, time 0ms
rtt min/avg/max/mdev = 0.007/0.007/0.007/0.000 ms
```

　上の例は、コピーしたpingに設定するファイルケーパビリティーで、Permittedケーパビリティーに CAP_NET_RAW を設定して実行している例です。Permittedケーパビリティーが有効になっているので、一般ユーザーでも実行できています。しかし次のように、"--drop"を使ってバウンディングセットから CAP_NET_RAW を落としたシェルから実行すると実行できません。

```
$ sudo capsh --drop="cap_net_raw" --uid=1000 --
$ grep Cap /proc/self/status
CapInh: 0000000000000000
CapPrm: 0000000000000000
CapEff: 0000000000000000
CapBnd: 000001fffffdfff
CapAmb: 0000000000000000
 （バウンディングセットからcap_net_rawは落とされている）
$ id -u
1000
$ getcap ./ping  （ファイルケーパビリティーでcap_net_rawは設定されている）
./ping = cap_net_raw+p
$ ./ping -v 127.0.0.1
./ping: socket: Operation not permitted
./ping: socket: Operation not permitted
```

　このように、execve(2)でプログラムを実行する際に取得できるケーパビリティーを制限できます。
　しかし先に説明した通り、同じ式（2）にある"P(inheritable) & F(inheritable)"とのORですので、この式で許可されていれば、バウンディングセットで許可されていなくてもケーパビリティーを獲得できます。

第4章　ケーパビリティー　｜　55

また同様に Ambient（P'（Ambient））ケーパビリティーセットとも OR ですので、Ambient ケーパビリティーで許可されているケーパビリティーも獲得できます。

ping に対して、ファイルケーパビリティーで Inheritable ケーパビリティーを設定して、プロセスの Inheritable ケーパビリティーを設定して試しましょう。

```
$ sudo setcap "cap_net_raw+pi" ./ping （permittedとinheritableを設定）
$ sudo capsh --caps="cap_setpcap,cap_setuid+eip" --inh="cap_net_raw"
--drop="cap_net_raw" --uid=1000 --
（inheritableにcap_net_rawを設定しつつ、バウンディングセットからはcap_net_rawを落としてシェル
を実行）
$ grep Cap /proc/self/status
CapInh: 0000000000002000
CapPrm: 0000000000000000
CapEff: 0000000000000000
CapBnd: 0000003fffffdfff
CapAmb: 0000000000000000
 （cap_net_rawはバウンディングセットで設定されていないがinheritableでは設定されている）
$ getpcaps $$ （getpcapsコマンドでもinheritableが設定されていることを確認）
7998: cap_net_raw=i
$ ./ping -c 1 127.0.0.1
PING 127.0.0.1 (127.0.0.1) 56(84) bytes of data.
64 bytes from 127.0.0.1: icmp_seq=1 ttl=64 time=0.008 ms

--- 127.0.0.1 ping statistics ---
1 packets transmitted, 1 received, 0% packet loss, time 0ms
rtt min/avg/max/mdev = 0.008/0.008/0.008/0.000 ms
```

以上のように、バウンディングセットで CAP_NET_RAW を無効にしたにも関わらず、ファイルケーパビリティーとプロセスのケーパビリティーで、Inheritable ケーパビリティーに CAP_NET_RAW が設定されているため、ping コマンドが実行できました。

これでは、プロセスが取得できるケーパビリティーを制限できないではないか、と思われるかもしれません。しかし、バウンディングセットにはもうひとつ役割があります。

もうひとつの役割は、capset(2) システムコールで、スレッドが自身でケーパビリティーを設定する際に制限をかける役割です。capset(2) で Inheritable ケーパビリティーを追加する場合、**バウンディングセットで設定されているケーパビリティーのみ**、Inheritable ケーパビリティーに追加できます。

先の実行例の capsh に指定するオプションの順を少し変えて、--inh で Inheritable ケーパビリティーを設定する前に、--drop でバウンディングセットから CAP_NET_RAW を削除してみましょう。

56 | 第4章　ケーパビリティー

```
$ sudo capsh --caps="cap_setpcap,cap_setuid+eip" --drop="cap_net_raw"
--inh="cap_net_raw"
Unable to set inheritable capabilities: Operation not permitted
```

　このように、バウンディングセットで許可しないで、Inheritableケーパビリティーに追加しよう
とするとエラーになります。

　つまり、一度バウンディングセットからケーパビリティーが削除されると、以降はプロセス
のInheritableケーパビリティー（P(inheritable)）にそのケーパビリティーを追加できません。
ファイルケーパビリティーのInheritableケーパビリティー（F(inheritable)）で許可をしたとして
も、"P(inheritable) & F(inheritable)"の計算でケーパビリティーは許可されません。その結果、
execve(2)実行後、そのケーパビリティーはPermittedケーパビリティー（P'(permitted)）には
持てないことになります。

　以上のように、バウンディングセットは、execve(2)の前後や、その子孫で取得できるケーパビ
リティーを制限する役割を持っています。

第4章　ケーパビリティー　｜　57

第5章 User Namespaceとファイルケーパビリティー

「4.5 ファイルケーパビリティー」で紹介したように，ファイルケーパビリティーを設定して，限られた特権を持った状態でコマンドを実行できます。

ここで問題になってくるのが、User Namespaceを使った非特権コンテナ内でのファイルケーパビリティーの扱いです。

実は、元々はUser Namespace内ではファイルケーパビリティーは機能しませんでした。

User Namespace内でファイルケーパビリティーが機能しなかった理由は、User Namespace内ではroot権限で実行しているように見えても、実際はUser Namespaceの外では一般ユーザー権限でプログラムが実行されるためです。

User Namespaceは一般ユーザーで作成できます。User Namespace内のrootがファイルケーパビリティーを設定できると、一般ユーザーがUser Namespaceを作成し、自身のUIDをUser Namespace内のrootにマッピングし、プログラムファイルにファイルケーパビリティーを設定できます。その結果、ホスト上で権限が昇格できてしまいます。セキュリティの観点からできなかったことは納得できます。

実は、今のカーネルではUser Namespace内でファイルケーパビリティーが設定できます。

まずは、古いカーネルでは、User Namespace内でファイルケーパビリティーが設定できないことを確認したあとに、どのようにUser Namespace内でファイルケーパビリティーを設定できるようにしているのかを見ていきましょう。

5.1 4.13カーネル以前のUser Namespace内のファイルケーパビリティー

Plamo Linux 7.1に4.12カーネルをインストールした環境で、User Namespace内ではファイルケーパビリティーが働かないことを確認します。

```
$ uname -r
4.12.7-plamo64
（カーネルバージョンは4.12.7）
```

LXCを使って一般ユーザー権限でコンテナを作り、起動します。

```
$ id -u
1000  （一般ユーザー）
$ lxc-start c1  （一般ユーザー権限でコンテナを起動）
$ lxc-info -p c1
```

```
PID:            8246
（コンテナのPIDを確認）
$ cat /proc/8246/{u,g}id_map
        0      200000      65536
        0      200000      65536
（User Namespace内のrootはUID:200000のユーザーにマッピングされている）
$ ps aux | grep 8246
200000    8246  0.0  0.0   2472    788 pts/1    Ss+  02:10   0:00 init [3]
（UID:200000でコンテナが起動している）
```

このコンテナ上でファイルケーパビリティーを設定します。

```
$ lxc-attach c1  （コンテナ内に入る）
root@c1:~# id -u
0  （rootユーザー）
root@c1:~# cp /bin/ping .
root@c1:~# /sbin/getcap ./ping
（ファイルケーパビリティーは設定されていない）
root@c1:~# /sbin/setcap cap_net_raw+p ./ping
Failed to set capabilities on file `./ping' (Operation not permitted)
（rootなのにファイルケーパビリティーが設定できない）
root@c1:~# grep Cap /proc/$$/status
CapInh: 0000000000000000
CapPrm: 0000003fffffffff
CapEff: 0000003fffffffff
CapBnd: 0000003fffffffff
CapAmb: 0000000000000000
（プロセスでケーパビリティーが削られているわけではない）
```

　rootで実行しているにも関わらず、ファイルケーパビリティーが設定できません。ファイルケーパビリティーを設定するために必要なケーパビリティーが削られているわけでもありません。

　以上のように、4.13カーネル以前では非特権コンテナ内でファイルケーパビリティーは設定できません。4.13カーネルまではOS起動後に作られる**初期のNamespaceでしか**ファイルケーパビリティーを設定できませんでした。

5.2　4.14カーネル以降のUser Namespace内のファイルケーパビリティー

　User Namespace内で、ファイルケーパビリティーが利用できない問題を解決する機能は、4.14カーネルでマージされました。

　User Namespace内で、ファイルケーパビリティーが設定できることを、新しいカーネルを使っ

て確認してみましょう。

　ここでは、LXCコンテナを一般ユーザー権限で起動して確かめましょう[1]。

```
$ systemd-run --unit=my-unit --user --scope -p "Delegate=yes" -- lxc-create -t
download c1 -- -d ubuntu -r jammy -a amd64
（コンテナの作成）
$ lxc-ls -f
NAME STATE    AUTOSTART GROUPS IPV4 IPV6 UNPRIVILEGED
c1   STOPPED 0         -      -    -    true
（コンテナの確認）
```

　c1という名前のコンテナが作成できました。Ubuntu 22.04コンテナです。

　それでは確認を進めていきましょう。

```
$ uname -r
5.15.0-82-generic
（5.15カーネル）
$ id -u
1000
（一般ユーザー）
$ systemd-run --unit=my-unit --user --scope -p "Delegate=yes" -- lxc-start c1
（一般ユーザーで非特権コンテナを起動）
$ lxc-ls -f
NAME STATE    AUTOSTART GROUPS IPV4       IPV6 UNPRIVILEGED
c1   RUNNING 0         -      10.0.3.236 -    true
（起動を確認）
$ lxc-info c1 | grep PID
PID:            43461
（コンテナのPIDを確認）
$ ps aux | grep 43461
100000     43461  0.1  0.2  99908 11024 ?          Ss   13:56    0:00 /sbin/init
（UID:100000でコンテナが起動している）
```

　上のように、一般ユーザー権限でコンテナを起動しました。UID:100000でコンテナが起動しており、コンテナ内のrootはUID:100000にマッピングされています。

　このコンテナ内でファイルケーパビリティーを設定してみましょう。

1.Ubuntuで入るLXDはsnapで動いているので確認の際にややこしいからです。

60　　第5章　User Namespaceとファイルケーパビリティー

```
$ systemd-run --user --scope -p "Delegate=yes" -- lxc-attach c1
（コンテナ内に入る）
root@u1:~# id -u
0
root@c1:/# cd /home/ubuntu
root@c1:/home/ubuntu# getcap /bin/ping
root@c1:/home/ubuntu# getcap /usr/bin/ping
root@c1:/home/ubuntu# cp /bin/ping .
root@c1:/home/ubuntu# getcap ./ping
（ファイルケーパビリティーは設定されていない）
root@c1:/home/ubuntu# setcap cap_net_raw+p ./ping
（ファイルケーパビリティーを設定してもエラーは発生しない）
root@c1:/home/ubuntu# getcap ./ping
./ping cap_net_raw=p
（ファイルケーパビリティーが設定されている）
```

このように、非特権コンテナ内でファイルケーパビリティーが設定できました。

このpingコマンドが、実行できるか確認しておきましょう。

```
# su - ubuntu
ubuntu@u1:~$ id -u
1000  （一般ユーザー）
ubuntu@u1:~$ sysctl net.ipv4.ping_group_range
net.ipv4.ping_group_range = 65534    65534
（ICMPソケットは使えない）
ubuntu@u1:~$ ./ping -c 1 127.0.0.1
PING 127.0.0.1 (127.0.0.1) 56(84) bytes of data.
64 bytes from 127.0.0.1: icmp_seq=1 ttl=64 time=0.118 ms

--- 127.0.0.1 ping statistics ---
1 packets transmitted, 1 received, 0% packet loss, time 0ms
rtt min/avg/max/mdev = 0.118/0.118/0.118/0.000 ms
（pingが実行できた）
```

このように、非特権コンテナ内でのファイルケーパビリティーが機能しています。

ただコンテナの外で、このファイルケーパビリティーが機能すると、セキュリティ上の問題となりますので、コンテナ外では機能しないことを確認しておきましょう。

まずは、コンテナの外でファイルケーパビリティーを確認してみます。ホスト環境上で、先の例で使ったpingコマンドを確認します。

第5章　User Namespaceとファイルケーパビリティー　｜　61

```
$ sudo chmod 755 .local/share/lxc/c1/rootfs/home/ubuntu/
（ubuntuディレクトリーにotherに対するアクセス権がないので付与）
$ cd ~/.local/share/lxc/c1/rootfs/home/ubuntu/
（ホスト環境上でコンテナのファイルシステムがある場所に移動）
$ ls -lF ./ping
-rwxr-xr-x 1 100000 100000 76672 Sep  8 13:16 ping*
（User Namespace内のrootにマッピングされていたUID所有になっている）
$ /sbin/getcap ./ping
./ping = cap_net_raw+p
（ファイルケーパビリティーが設定されている）
```

このように、先にコンテナ内で設定したファイルケーパビリティーが設定されていることが確認できます。このpingコマンドを実行してみましょう。

```
$ id -u
1000  （一般ユーザー）
$ ./ping -c 1 -v 127.0.0.1
./ping: socket: Operation not permitted
./ping: socket: Operation not permitted
（Namespaceの外で実行したため実行できない）
```

ファイルケーパビリティーが設定されているにも関わらず、ファイルケーパビリティーを設定したUser Namespaceの外でコマンドを実行するとエラーになりました。このように、セキュリティ上の問題が起こらないようになっています。

5.3　カーネルデータ構造の変更

先の例では、ファイルケーパビリティーが非特権コンテナ内でのみ機能し、コンテナの外でファイルを実行しようとした場合はエラーになりました。これがどのように実現されているか、もう少し深く追ってみましょう。

この機能がカーネルにマージされたのは"Introduce v3 namespaced file capabilities"というパッチです[2]。

4.13カーネルまでは、ファイルケーパビリティー用に、次の構造体のみが定義されていました（include/uapi/linux/capability.h:66行目付近）[3]。

2.https://git.kernel.org/pub/scm/linux/kernel/git/torvalds/linux.git/commit/?id=8db6c34

3.https://elixir.bootlin.com/linux/v4.13/source/include/uapi/linux/capability.h#L58

```
#define VFS_CAP_REVISION_2   0x02000000
   : （略）
struct vfs_cap_data {
        __le32 magic_etc;               /* Little endian */
        struct {
                __le32 permitted;       /* Little endian */
                __le32 inheritable;     /* Little endian */
        } data[VFS_CAP_U32];
};
```

　4.14カーネルで前述のパッチにより、vfs_cap_data構造体に加えて、次の構造体が新たに定義されました（include/uapi/linux/capability.h:82行目付近)[4]。

```
#define VFS_CAP_REVISION_3       0x03000000
   : （略）
struct vfs_ns_cap_data {
        __le32 magic_etc;
        struct {
                __le32 permitted;       /* Little endian */
                __le32 inheritable;     /* Little endian */
        } data[VFS_CAP_U32];
        __le32 rootid;
};
```

　4.13カーネル以前からあるvfs_cap_data構造体と、4.14カーネルで追加されたvfs_ns_cap_data構造体は、vfs_ns_cap_data構造体の最後にrootid変数が追加されている以外は同じです。

　このvfs_cap_data構造体とvfs_ns_cap_data構造体は、ファイルケーパビリティーで設定できる次の情報が設定されます。

permitted変数
Pemittedケーパビリティーセット

inheritable変数
Inheritableケーパビリティーセット

magic_etc変数
Effectiveケーパビリティーや、ファイルケーパビリティーのバージョン

rootid変数
User Namespace内のrootユーザーにマッピングされているNamespace外のUID

　magic_etc変数には、ファイルケーパビリティーでは0 or 1の情報であったEffectiveケーパビリ

4.https://elixir.bootlin.com/linux/v4.14/source/include/uapi/linux/capability.h#L82

ティーや、ファイルケーパビリティーのバージョンを設定します。

ファイルケーパビリティーのバージョンは、rootidを含む情報であれば、4.14カーネルで追加された定義であるVFS_CAP_REVISION_3（バージョン3ということですね）を設定します。rootidが設定されていないファイルケーパビリティーであれば、magic_etcにはVFS_CAP_REVISION_2が設定されています。

このファイルケーパビリティーのバージョンを使い、カーネルは、ファイルケーパビリティーにNamespaceの情報が含まれているかどうかを判断します。

rootid変数がUser Namespace用の変数で、User Namespace内のrootとマッピングされているUser Namespace内のUIDが代入されます。カーネルはこのrootidの値と、NamespaceにマッピングされているUIDが一致していることを確認して、ファイルケーパビリティーを使うかどうか判断します。

libcapは2.26でこの機能を扱えるようになり、同時にsetcap、getcapコマンドに、このrootidの値を設定したり確認するための-nオプションが追加されています。

このrootidが設定されているかどうかは、User Namespace内からは確認できません[5]。

そこで、ここからはコンテナの外から、コンテナのファイルシステムを確認してみましょう。

5.4　Namespace外からNamespace内で使うファイルケーパビリティーを確認・設定する

ここまでは、User Namespace（コンテナ）内でファイルケーパビリティーを設定していました。User Namespaceの**外から**、Namespace内のファイルケーパビリティーを操作したり確認したりできます。

まずは、先にコンテナ内で設定したファイルケーパビリティーを確認してみましょう。

```
$ getcap -n ~/.local/share/lxc/c1/rootfs/home/ubuntu/ping
/home/tenforward/.local/share/lxc/c1/rootfs/home/ubuntu/ping cap_net_raw=p
[rootid=100000]
（コンテナ外でgetcapコマンドを実行、rootidが確認できている）
```

setcapを使うと、コンテナ起動前に、あらかじめコンテナホストからコンテナ内のファイルにファイルケーパビリティーを設定できます。setcapコマンドに-nオプション指定し、rootidにUIDを設定します。コンテナ内でこのオプションを指定するとエラーになります。

ここまでの例と同様に、UID:100000とマッピングされるコンテナ向けにpingコマンドをコピーし、コンテナ内のrootとマッピングされるUIDとして100000を指定して、setcapコマンドを実行します。

5.2.26のころは確認できたので、バージョンによってはコンテナ内からも確認できるかもしれません。

64　第5章　User Namespaceとファイルケーパビリティー

```
$ cd ~/.local/share/lxc/c1/rootfs/home/ubuntu/
（コンテナ外でコンテナの/に移動）
$ sudo cp ../../bin/ping .
$ sudo getcap ./ping
（ケーパビリティーは設定されていない）
$ sudo setcap -n 100000 cap_net_raw+p ./ping
（UID:100000を指定してファイルケーパビリティーを設定）
$ sudo getcap -n ./ping
./ping cap_net_raw=p [rootid=100000]
（設定された）
```

このように、コンテナ外から、コンテナ内で使用できるように、ファイルケーパビリティーを設定した状態でコンテナを起動します。そしてコンテナ内で、ファイルケーパビリティーを設定したpingコマンドを実行してみましょう。

```
$ systemd-run --unit=my-unit --user --scope -p "Delegate=yes" -- lxc-start c1
$ systemd-run --user --scope -p "Delegate=yes" -- lxc-attach c1
root@c1:/# getcap /home/ubuntu/ping
/home/ubuntu/ping cap_net_raw=p
（コンテナ外で設定した通りにコンテナ内でもファイルケーパビリティーが設定されている）
$ su - ubuntu
$ ./ping -c 1 127.0.0.1
PING 127.0.0.1 (127.0.0.1) 56(84) bytes of data.
64 bytes from 127.0.0.1: icmp_seq=1 ttl=64 time=0.139 ms

--- 127.0.0.1 ping statistics ---
1 packets transmitted, 1 received, 0% packet loss, time 0ms
rtt min/avg/max/mdev = 0.139/0.139/0.139/0.000 ms
（pingが実行できた）
```

コンテナ外で設定したファイルケーパビリティーが、コンテナ内でも設定できていることがgetcapコマンドで確認できました。そして一般ユーザー権限でpingコマンドが実行できており、コンテナ外で設定したファイルケーパビリティーが機能していることがわかります。

コンテナは、別のホスト上や、コンテナ起動前のホストOS上で作成しますので、このようにコンテナ外からコンテナ内で有効なファイルケーパビリティーが設定できることは重要です。

それでは、コンテナ外から、コンテナ外でのUIDが100000であるユーザーの権限で、ファイルケーパビリティーが設定されたpingコマンドを実行できるでしょうか?

試してみましょう。

ホスト上に、UID/GIDが100000のubuntuユーザーを作り、そのユーザーになります。

第5章　User Namespaceとファイルケーパビリティー　｜　65

```
$ id
uid=100000(ubuntu) gid=100000(ubuntu) groups=100000(ubuntu)
（ホスト上でUID:100000のubuntuユーザーになっている）
$ cd /home/tenforward/.local/share/lxc/c1/rootfs/home/ubuntu/
$ ls -l ./ping
-rwxr-xr-x 1 ubuntu ubuntu 76672 Sep  8 15:38 ./ping
$ getcap ./ping
./ping cap_net_raw=p
$ getcap -n ./ping
./ping cap_net_raw=p [rootid=100000]
（rootid=100000でファイルケーパビリティーが設定されている）
$ ./ping -c 1 -v 127.0.0.1
./ping: socket: Operation not permitted
./ping: socket: Operation not permitted
（実行できない）
```

　このように、ファイルケーパビリティーは設定されているものの、User Namespace内にいない
ので、コマンドを実行するとエラーになります。

　もうひとつ、rootidにコンテナのrootにマッピングされていないUIDを設定して、コンテナ内で
ファイルケーパビリティーが機能していないことを確認しておきましょう。みなさん、結果は想像
できますね。

```
$ sudo setcap -n 200000 cap_net_raw+p ~/.local/share/lxc/c1/rootfs/home/ubuntu/
ping
（コンテナ外からrootid=200000でファイルケーパビリティーを設定）
$ getcap -n ~/.local/share/lxc/c1/rootfs/home/ubuntu/ping
/home/tenforward/.local/share/lxc/c1/rootfs/home/ubuntu/ping cap_net_raw=p
[rootid=200000]
（設定されている）
```

　このようにrootidを200000に設定してみました。

```
$ systemd-run --user --scope -p "Delegate=yes" -- lxc-attach c1
root@c1:/# su - ubuntu
ubuntu@c1:~$ id -u
1000  （一般ユーザー）
ubuntu@c1:~$ getcap ./ping
Failed to get capabilities of file './ping' (Value too large for defined data
type)
（コンテナにマッピングされているIDの範囲外なのでエラーになる）
```

66　第5章　User Namespaceとファイルケーパビリティー

```
ubuntu@c1:~$ ./ping -c 1 -v 127.0.0.1
./ping: socket: Operation not permitted
./ping: socket: Operation not permitted
（rootidがNamespaceにマッピングされているUIDと異なるので実行できない）
```

このように、必要なチェックを行った上でファイルケーパビリティーが機能するようになっています。このときチェックされるのは、次の条件です。

・User Namespace内で実行されている

・User Namespace内のrootとマッピングされているUser Namespace外のUIDが、ファイルケーパビリティーに設定されているrootidと一致している

ここまでで、User Namespace内でファイルケーパビリティーが設定でき、機能することを確認しました。

説明したとおり、User Namespace内で機能するファイルケーパビリティーは、User Namespace内でのみ機能するようになっています。

そして、ファイルケーパビリティーには、User Namespace内のrootとマッピングされているUIDの情報が記録されています。実行時には、User Namespace内のrootにマッピングされているUIDと、ファイルケーパビリティーに記録されているUIDが照合されます。

このように現在では、非特権コンテナ内でも、ファイルケーパビリティーを使って、限定的に特権を与えてファイルが実行できるようになりました。

5.5　参考文献

・Unprivileged File Capabilities（brauner's blog）[6]

6.https://brauner.github.io/2018/08/05/unprivileged-file-capabilities.html

第6章 Seccomp

6.1 システムコール

Seccompを説明する前に、必要となる基本的な知識であるシステムコールについて説明します。

アプリケーションをコンピューター上で動作させる場合、ハードウェアとのやりとり、ファイル管理、ネットワーク操作などさまざまな操作が必要になります。

このような操作を行うために、さまざまな操作を抽象化し、共通して利用する機能を実装したソフトウェアがオペレーティングシステム（OS）です。LinuxはそのようなOSのひとつです。

Linuxをインストールしたホストが起動すると、まずはカーネルが起動します。カーネルが起動し、カーネルが提供する機能を使う準備が済むと、その後にアプリケーションが起動します。

アプリケーションとカーネルが動作する領域は分けられています。アプリケーションは、カーネル自身が動作する領域であるカーネル空間とは別の領域である、ユーザー空間で実行されます。カーネルと同じ領域でアプリケーションが動くと、OS自身の動作に影響が出る可能性があるため、安定してシステムが動作できなくなる可能性があり危険だからです。

このように、ユーザー空間からカーネルが提供する機能を使う場合、OSが提供するインターフェースとなるAPIを使用します。このAPIが**システムコール**です。アプリケーションは、システムコールを使って、OSに対して必要な動作を依頼するわけです。

システムコールにより、カーネルの機能に対する操作の共通的なインターフェースが提供でき、安全にOSが提供するリソースを利用できます。もちろん、システムコールを実行する際には、呼び出し側が実行に必要な権限を持っているかどうかがチェックされます。

このように、ユーザー空間で動くプログラムがOSの機能を呼び出す場合、図6.1のようにシステムコールを使い、結果を受け取ります。

図6.1: システムコールの呼び出しと実行

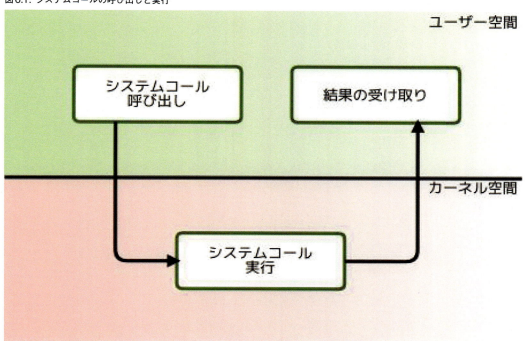

　実際には、プログラムからは、カーネルが提供するシステムコールを直接使わずに、標準的な操作を行うための関数を集めたライブラリーを経由して使用することが多いです。
　このようなライブラリーの代表格がlibcです。Linuxでは、GNUのlibcであるglibcが使われます。多くの場合システムコールは、glibcの関数を使ってglibcから呼び出されます。しかし、glibcに実装されていないシステムコールを使用する場合、libcを使わずに直接カーネルのシステムコールを使う場合もあります。

6.2　Seccomp

　カーネルは、アプリケーションの動作に必要なさまざまな機能を提供しますので、それぞれの機能に対応したシステムコールが実装されています。
　システムコールは、アプリケーションに必要なさまざまな操作に必要な処理を行います。しかし、使い方によっては、システムの運用に影響を与えるような悪用ができるでしょう。
　アプリケーションの動作には、システムコールの使用が必要です。しかし、特定のアプリケーションが必要とするシステムコールはその一部でしょう。
　アプリケーションで使わないシステムコールを実行できないようにしておくと、セキュリティホールを使って他のプログラムを実行しようとした場合でも、その実行をブロックできます。アプリケーションが使わないシステムコールを、最初から使えないようにしておくと、セキュリティが向上します。
　このように、プロセスが使えるシステムコールを制限するための機能が**Seccomp**です。この制

限は、制限をかけたプロセスが子プロセスを生成したとしても制限が引き継がれます。

　Seccompは2005年、2.6.12カーネルではじめて導入されました。この時のSeccompは、次のシステムコールのみ実行を許可する機能でした。

・read(2)

・write(2)

・exit(2)

・sigreturn(2)

　このころのSeccompは、/proc/<PID>/seccompファイルで機能を有効にしました。

　その後、2.6.23カーネルで、prctl(2)を使って制御できるようになりました。現在でもprctl(2)で、モードをSECCOMP_MODE_STRICTに指定すると、この4つのシステムコールのみが使えるように制限できます。

　ただ、この時点のSeccompは制限が固定的です。4つのシステムコールだけしか使えない制限では、かなりユースケースが限られます。

　その後3.5カーネルで、柔軟に設定できるSeccomp mode 2が導入され、システムコールごとにフィルタリング（制限）ができるようになりました[1]。

　システムコールのフィルターを、BPF（Berkeley Packet Filter）プログラムを使って指定します。このプログラムにより、プロセスに対するシステムコール実行の可否のポリシーを定義します。

　このモードを使うには、prctl()でSECCOMP_MODE_FILTERを指定します。また、3.17カーネル以降はseccomp(2)システムコールも使えます。

　呼ばれたシステムコールをチェックするだけでなく、システムコールに与えられた引数も検査した上で、システムコールを実行するかどうかを決定できます。

　図で説明すると次のようになります。

1."Seccomp mode 2"という名称のほかに"seccomp-bpf"などと呼ばれたり、決まった呼び名はない状態です。

図6.2: seccomp

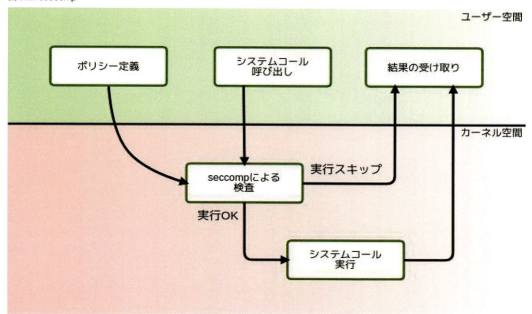

　図6.2のように、プロセスを実行する際に、あらかじめシステムコールの実行に関するポリシー（フィルタリング）を定義しておきます。そして、実際にシステムコールが発行されると、ポリシーに従ってシステムコールを実行するかどうかが判断されます。指定したポリシーは子プロセスにも引き継がれます。

　実行が許可されていないシステムコールが実行された場合の動作として、すぐにプロセスを終了させる、設定したエラー（番号）を返すなど、いくつか選択ができます。

　システムコールの実行が失敗しても、システムコールを呼び出したプロセスの実行を中断せずに処理を続けることはできますが、システムコールは実行されません。

6.3　DockerでのSeccompの利用

　Dockerでは、デフォルトで使えるシステムコールが定義されています。デフォルトで禁止するシステムコールの一覧は、公式ドキュメントに載っています[2]。ドキュメントでは、使えないシステムコールが説明されていますが、実際はすべてのシステムコールを禁止し、許可するシステムコールを追加していくホワイトリスト形式です。

　デフォルトでDockerコンテナに与えられるSeccompポリシーファイルは、moby中のprofiles/seccomp/default.jsonにあります[3]。このファイルには、許可するシステムコールや、その他細かい設定が定義されています。

　ドキュメントには"It is not recommended to change the default seccomp profile."と書かれてお

2.https://docs.docker.com/engine/security/seccomp/
3.https://github.com/moby/moby/blob/master/profiles/seccomp/default.json

り、デフォルトのプロファイルを変更することは推奨されていません。しかし、自分で作成したプロファイルを起動時に与えることができます。その場合、コンテナ実行時（"docker run"実行時）に"--security-opt seccomp=<プロファイルのパス>"を指定します。

デフォルトのプロファイルから、禁止したいシステムコールを削除して、よりセキュアにコンテナを起動できるでしょう。

実際に、システムコールを禁止した例を見てみましょう。次のように、コンテナ内でstatコマンドを使ってファイルの状態を表示できます。

```
$ docker run --rm -ti ubuntu:22.04 bash
root@c67e41b365c8:/# stat /etc/hosts
  File: /etc/hosts
  Size: 174         Blocks: 8          IO Block: 4096    regular file
Device: 801h/2049d  Inode: 4066805     Links: 1
Access: (0644/-rw-r--r--)  Uid: (    0/    root)  Gid: (    0/    root)
Access: 2023-09-15 13:34:49.355899510 +0000
Modify: 2023-09-15 13:34:49.355899510 +0000
Change: 2023-09-15 13:34:49.365899440 +0000
 Birth: 2023-09-15 13:34:49.355899510 +0000
```

ここで、Dockerデフォルトのプロファイルから、statxシステムコールを削除します。

```
$ diff default.json deny-stat.json
367d366
<                   "statx",
（デフォルトプロファイルからstatxを削除したdeny-stat.jsonを作成）
```

作成したプロファイルを指定してコンテナを起動すると、statxシステムコールが許可されていないので、次のようにstatコマンドの実行が失敗します。

```
$ docker run --rm -ti --security-opt seccomp=deny-stat.json ubuntu:22.04 bash
root@e0ff5aaffd23:/# stat /etc/hosts
stat: cannot statx '/etc/hosts': Operation not permitted
（statxが許可されていないのでエラー）
```

6.4　LXCでのSeccompの利用

LXCコンテナでも、Seccompプロファイルを与えてシステムコールを制御できます。LXCでは、ホワイトリスト形式、ブラックリスト形式のどちらでも構いません。

コンテナを作成したとき、デフォルトで設定されるプロファイルは次のようになっています。ブラックリスト形式で、実行を許可しないシステムコールを指定します。

```
2            # Seccomp mode 2を使用
denylist  # ブラックリスト形式で指定
reject_force_umount  # comment this to allow umount -f;  not recommended
[all]        # すべてのアーキテクチャーに対して、これ以下の定義を適用
kexec_load errno 1
open_by_handle_at errno 1
init_module errno 1
finit_module errno 1
delete_module errno 1
```

最初の"2"がSeccomp mode 2を使用する指定です。次の行の"denylist"がブラックリスト形式でプロファイルを定義する宣言です。"[all]"以下が禁止するシステムコールの指定です。そして"errno"で指定した値を、errno（エラー番号）として呼び出し元に返します。上記の定義だと1を返します。

上記の定義の最後にstatx errno 1と追加して、コンテナを起動してみましょう。

```
$ sudo lxc-create -t download u1 -- -d ubuntu -r jammy -a amd64
 （コンテナの作成）
$ sudo grep seccomp /var/lib/lxc/u1/config
lxc.seccomp.profile = /var/lib/lxc/u1/seccomp
 （独自に作成したプロファイルを読み込むように指定）
$ sudo grep statx /var/lib/lxc/u1/seccomp
statx errno 1
 （statxは禁止して、errno 1を返すように指定）
$ sudo lxc-start u1
 （コンテナの起動）
$ sudo lxc-attach u1 -- bash
root@u1:/# stat /etc/hosts
stat: cannot statx '/etc/hosts': Operation not permitted
 （statの実行がエラーになった）
```

このように、Dockerのときと同様の結果が得られました[4]。

ここまでで、Seccompの概要を説明しました。このあとは、Seccompを利用して、一般ユーザー権限で起動するコンテナのユースケースを拡大した、Seccompの応用ともいえる機能について説明しましょう。

---

4. ここでのLXCの設定についての詳細はマニュアルをご覧ください（https://linuxcontainers.org/ja/lxc/manpages/man5/lxc.container.conf.5.html）。

6.5　非特権コンテナが行う操作

　第3章や本シリーズの第1巻で紹介したように、LinuxカーネルにはUser Namespaceという機能があります。

　この機能を使って、コンテナ内ではroot権限を持っているにも関わらず、ホスト上では一般ユーザー権限しか持たない非特権コンテナが実行でき、セキュアなコンテナ実行環境が実現できるようになっています。

　このUser Namespace内のrootユーザーは、コンテナ内では必要な特権（ケーパビリティー）を持っているように見えるにも関わらず、実際に特権が必要な操作を行うとエラーになることがあります。

　User Namespace内のrootは、User Namespace内で特権を保持しているとはいえ、ホスト上のrootと同じ権限を持つと、ホストや他のコンテナを危険にさらす操作ができる可能性があるためです。このため、カーネル内部で危険な可能性がある操作は、チェックが行われます。このチェックは、セキュリティを考慮すると必要なチェックです。

　このように非特権コンテナ（User Namespace）内では行えない操作の例として、/dev以下のデバイスファイルを作成したり、ファイルシステムをマウントする操作が挙げられます。このような操作は、カーネルの機能を使いますので、システムコールを使います。

　デバイスファイルには、非特権コンテナ内で作成すると危険なデバイスファイルがある一方で、非特権コンテナ内で作成しても安全なデバイスファイルも存在します。たとえば、/dev/null、/dev/zeroなどは、コンテナ内で作成しても安全でしょう。

　デバイスファイルに関しては、コンテナを起動するために、これまでもコンテナを管理するためのコンテナマネージャーやランタイムが、バインドマウントを用いて必要なデバイスファイルをコンテナ内に出現させていますので、問題になることは少なかったかもしれません。

　それでも、非特権コンテナ内のプログラムがデバイスファイルを作成する場合は、事前にコンテナに対して設定し、必要なデバイスファイルをバインドマウントで出現させるという方法では対処できないことがあります。

　そして以前は、非特権コンテナ内からは、ファイルシステムのマウント操作が、一部の疑似ファイルシステムなどをのぞいてできませんでした。このため、事前にホスト上でマウントしてコンテナで利用できるようにするなど、別の方法を採る必要がありました。

　事前に必要なマウントがわかっている場合は、コンテナマネージャーに事前に設定することで解決できます。しかし、非特権コンテナ内のプロセスが、処理中にファイルシステムをマウントする場合、コンテナマネージャーは、プロセスがいつマウント処理を実行するのかを知ることはできませんので、事前にコンテナマネージャーで必要な操作を行うことはできませんでした。

　非特権コンテナ内からファイルシステムをマウントすることに関しては、これまで長い時間をかけて議論されてきたテーマでした。

　しかし、ホストの管理者自身がホスト上で実行するコンテナを管理する場合であったり、ホストの管理者がコンテナの管理者を信頼できる場合は、カーネルで禁止されている操作であっても許可できる場合はあるでしょう。

また、同じ操作であっても、コンテナによって許可したり許可しなかったりと、設定を分けたい場合があるかもしれません。そのような操作をコンテナマネージャー側で制御できると便利です。カーネルで制御しようとすると、ある操作は一律禁止したり、許可したりという決まった動作でしか制御できません。

現在のように、コンテナ上でアプリケーションを実行することが一般的になってきている状況では、どのような操作が危険で、どのような操作が危険ではないか、というのはコンテナマネージャーやコンテナマネージャーを使う管理者の方がよく知っているでしょう。

コンテナマネージャーが許可できる操作のうち、管理者が安全と判断した操作は、コンテナマネージャーで許可できるほうが、セキュアで柔軟なアプリケーション実行環境ができるでしょう。

つまり、次のことが言えます。

・コンテナ内のタスクは、非特権コンテナから実行できない操作を行う、つまりシステムコールを発行する可能性があります

このような場合、次のことも言えるでしょう。

・コンテナマネージャーやコンテナホストの管理者は、そのシステムコールを、非特権コンテナ内で実行しても安全であることを知っている可能性があります

しかし、上記のことを知っていたとしても、次の問題があります。

・コンテナマネージャーは、いつそのシステムコールが発行されるのか、発行されたのかを知ることができません

・もし、いつ発行されるのか、発行されたのかを知っていたとしても、必要な検査を行う方法がありません

6.6 Seccomp notify

さて、「システムコールが発行されたのか知ることができません」、「必要な検査を行う方法がありません」と書きました。しかし、Linux カーネルには、これらを実現できそうな技術がすでに実装されています。そう、Seccomp です。

Seccomp は、特定のシステムコール呼び出しを検出し、インターセプトできますので、先に示した問題を解決するために、一番近いところにいる機能であることは間違いありません。

しかし、コンテナ内のプロセス内でシステムコールが呼ばれたことを別のプロセスであるコンテナマネージャーが知ることはできません。エラー番号で0を返すように設定し、Seccomp を使ってシステムコールがあたかも成功したように見せかけることはできます。

しかし、いずれにせよ実際にはシステムコールは実行されません。つまり、これまでの Seccomp では、システムコールの実行を検出し、その実行を許可するか、拒否する以外には選択肢がありませんでした。

そこで、ここまで説明した問題を解決できるように Seccomp の機能を拡張したのが、これから紹介する"Seccomp notify"機能です[5]。この機能は5.0カーネルで導入されました。

---

5. 特に正式に決まった機能名があるわけではありません。"Seccomp notify"、"Seccomp trap to userspace"、"Seccomp user notifications"などと紹介されていたりします。

第6章 Seccomp | 75

この機能を使うには、プロセスに設定するSeccompフィルターにSECCOMP_RET_USER_NOTIFというフラグを設定します（図6.3の①）。

するとフィルターがロードされたあと、図6.3の②のようにカーネルが呼び出し元のタスクにファイルディスクリプター（fd）を返します。

呼び出し元のタスク自体は、この返されたfdを使って何かをするわけではありません。このfdをコンテナマネージャーなど、他のタスクに渡します（図6.3の③）。

図6.3: notify fdの受け渡し

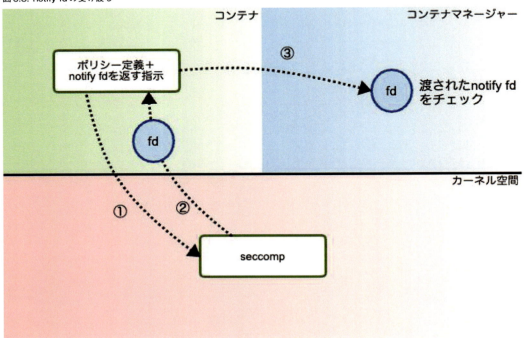

ファイルディスクリプターを渡されたコンテナマネージャーは、このファイルディスクリプターに対してioctl(2)を呼び出し、必要なデータが格納されるのを待ちます。

そして、フィルターに設定したシステムコールが実行されると、カーネルは図6.4の②のようにこのファイルディスクリプターへ通知を送ります。その結果、システムコールの実行はブロックされます。

コンテナマネージャーは、②で送られた通知を読み取ります。この通知からは、呼び出されたシステムコール、システムコールを呼び出したプロセスのPID、システムコールが実行されたアーキテクチャー、システムコールの引数などがわかります。

図6.4: seccomp notify fd経由のシステムコールの実行

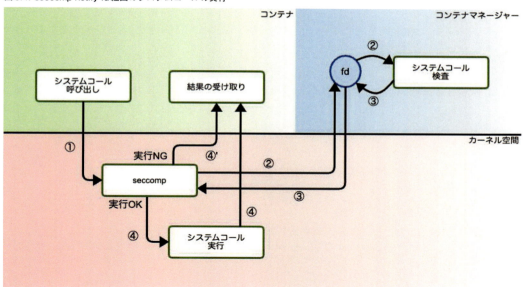

　コンテナマネージャーは、ここで必要な検査を行い、同じファイルディスクリプターへ検査結果を返します（図6.4の③）。

　もしコンテナマネージャーが、呼び出されたシステムコールによる操作が許可できる操作であると判断した場合は、カーネルはそのままシステムコールを実行し、結果をシステムコールを呼び出したプログラムへ返します（図6.4の④）[6]。

　もしコンテナマネージャーが、呼び出されたシステムコールによる操作を許可しない場合は、エラーを返します。その結果、通常のSeccompで行うフィルタリングのように、システムコールを実行せず、呼び出したプログラムへエラーを返します（図6.4の④'）。

　これがSeccomp notify機能の概要です。

6.7　LXDでのSeccomp notify機能の実装

　それでは、Seccomp notify機能の動きを実際に見ていきましょう。LXDを使ってコンテナを作成し、Seccomp notify機能を設定して機能を試します。LXDでは、特に指定しなければ一般ユーザー権限でコンテナが起動します。

　LXC（linuxcontainers.org）プロジェクトの開発者は、カーネルにも積極的にコンテナ関連機能の実装を進めています。Seccomp notify機能の実装は、LXCプロジェクトの開発者を中心に開発されていました。

　このため、カーネル側での実装とともに、LXDでもSeccomp notify機能の実装を進めることができ、カーネルで実装されてからかなり短い期間でLXDにもこの機能が実装されました。

---

[6].Seccomp notifyの結果、カーネルがシステムコールの実行を続けられるようになったのは5.5カーネルからです。

6.7.1 デバイスファイルの作成

最初にSeccomp notify機能がサポートされたのは、LXDでは5.0カーネルリリースから2ヶ月後のLXD 3.13です。LXD 3.13では、まずはmknodとmknodatシステムコールが使えるようになり、デバイスファイルが作成できるようになりました[7]。

LXDが依存しているLXCでは3.2.1から、libseccompは2.5.0から、Seccomp notify機能に対応しました。LXDは、LXC、libseccompを必要としていますので、これらの新しいライブラリーが必要です。

LXDでmknod、mknodatが使えるようになったと言っても、任意のデバイスファイルが作成できるわけではありません。許可されているデバイスは、先に紹介した/dev/nullや/dev/zeroなど、一部のデバイスだけです[8]。

それでは、デバイスファイルを作成してSeccomp notify機能を試してみましょう。以下の実行例はUbuntu 22.04にsnapでインストールされたLXD 5.17という環境で実行しています。

```
$ snap list lxd
Name   Version      Rev    Tracking       Publisher   Notes
lxd    5.17-e5ead86 25505  latest/stable  canonical✓  -
$ lxc version
Client version: 5.17
Server version: 5.17
```

まずはコンテナを作成します。そしてこのコンテナが一般ユーザーで起動していることを確認します。

```
$ lxc launch ubuntu:22.04 c1
Creating c1
Starting c1
$ lxc info c1 | grep PID
PID: 3777
$ ps aux | grep 3777
1000000     3777  1.0  0.2 101732  9824 ?         Ss   06:43   0:00 /sbin/init
 (UID:1000000の一般ユーザーで起動している)
```

それでは、コンテナ内に入りデバイスファイルを作成してみましょう。

```
$ lxc shell c1   (コンテナ内に入りシェルを実行)
root@c1:~# mknod my-dev c 1 5   (デバイスファイルを作成)
mknod: my-dev: Operation not permitted   (許可されていない)
```

7.https://linuxjm.csdn.jp/html/LDP_man-pages/man2/mknod.2.html

8.詳細は公式ドキュメント（https://documentation.ubuntu.com/lxd/en/latest/syscall-interception/）を参照してください。

78 | 第6章 Seccomp

失敗しました。デフォルトでは、デバイスファイルの作成は許可されていませんので、これは当然の動作です。

それでは、LXDでデバイスファイルの作成を許可する設定をしてみましょう。許可するには、コンテナに対してsecurity.syscalls.intercept.mknodをtrueに設定します。

```
$ lxc config set c1 security.syscalls.intercept.mknod=true  （Seccomp notifyでmknod
を許可する）
$ lxc config show c1 | grep intercept
  security.syscalls.intercept.mknod: "true"  （trueに設定された）
```

設定されました。設定を反映させるためにコンテナを再起動し、再度コンテナ内でシェルを実行します。

```
$ lxc restart c1  （コンテナ再起動）
$ lxc shell c1
root@c1:~# mknod my-dev c 1 5  （実行成功）
root@c1:~# ls -l my-dev
total 1
crw-r--r-- 1 root root 1, 5 Dec  7 06:05 my-dev
（デバイスファイルが作成されている）
```

無事、メジャー番号1、マイナー番号5のデバイスファイル（/dev/zero）が作成されています。さらにもうひとつ、/dev/randomを作成して試してみましょう。

```
root@c1:~# mknod my-dev2 c 1 8  （メジャー番号1、マイナー番号8で作成）
root@c1:~# ls -l my-dev2
crw-r--r-- 1 root root 1, 8 Dec  7 06:08 my-dev2
（デバイスファイルが作成されている）
```

問題なく作成できました。

6.7.2　ファイルシステムのマウント

次に、Seccomp notify機能を使ってファイルシステムをマウントしてみましょう。LXDで、非特権コンテナ内でmountシステムコール[9]を実行し、マウントができるようになったのは3.19からです。

さて、Ubuntuのサーバー版をインストールすると、LXDがインストールされた状態でホストが起動します。このLXDはsnapでインストールされています。ファイルシステムをマウントする前に、このsnap版のLXDに対して、この後の操作に必要な設定をしておきます。

9.https://linuxjm.osdn.jp/html/LDP_man-pages/man2/mount.2.html

```
$ lxc info | grep shiftfs
    shiftfs: "false"
（このshiftfsの設定がtrueであればこの後の操作は不要）
$ sudo snap set lxd shiftfs.enable=true  （snapのlxdでIDのシフトを有効化）
$ sudo systemctl reload snap.lxd.daemon  （設定を反映させるために再起動）
$ lxc info | grep shiftfs
    shiftfs: "true"
（有効になった）
```

　LXDの準備が済んだので、いよいよ実際のマウントに移っていきましょう。

　この例では、ホストシステム上にマウントされていないパーティション/dev/vdb1が存在しています。このパーティションは、ext4でファイルシステムを作成してあります。

```
$ sudo fdisk -l /dev/vdb | grep vdb1
/dev/vdb1          2048 16777215 16775168   8G 83 Linux
```

　このvdb1は、コンテナ内ではデバイスファイルが存在しないので、デフォルトのままではマウントできません。また、コンテナ内では/dev/vdb1というデバイスファイルが作成できませんので、LXDで設定してホスト側のデバイスファイルをバインドマウントしておきましょう。

```
$ lxc config device add c1 vdb1 unix-block path=/dev/vdb1  （コンテナ内に/dev/vdb1を出
現させる）
Device vdb1 added to c1
$ lxc restart c1  （設定を反映させるためにコンテナ再起動）
```

　コンテナ内に/dev/vdb1が出現しており、マウントする準備が済みました。

```
root@c1:~# ls -l /dev/vdb1
brw-rw---- 1 root root 8, 17 Dec  7 14:54 /dev/vdb1
```

　Seccomp notify機能を使ってファイルシステムをマウントする前に、コンテナ内でマウント操作ができないことを確認しておきます。

```
$ lxc shell c1
root@c1:~# mount /dev/vdb1 /mnt
mount: /mnt: permission denied.
（コンテナに対してマウントを許可していないので失敗する）
```

　マウント操作は失敗します。

ここで、コンテナに対して次のように設定し、設定を反映させるためにコンテナを再起動します。

・マウントができる設定（security.syscalls.intercept.mount）
・マウントしたファイルシステム上の、ファイルやディレクトリーの所有権のIDをシフトさせる
　設定（security.syscalls.intercept.mount.shift）
・マウントできるファイルシステムとしてext4を許可する設定
　（security.syscalls.intercept.mount.allowed）

```
$ lxc config set c1 security.syscalls.intercept.mount true
$ lxc config set c1 security.syscalls.intercept.mount.shift true
$ lxc config set c1 security.syscalls.intercept.mount.allowed ext4
$ lxc restart c1
（設定を有効にするために再起動）
```

コンテナ内のシェルからマウントしてみましょう。

```
root@c1:~# mount /dev/vdb1 /mnt
root@c1:~# df -h | grep /mnt
/dev/vdb1                        7.8G   24K  7.4G   1% /mnt
```

マウント操作が成功し、ファイルシステムがマウントできています。

　ここでは直接ext4をマウントしていますが、安全のため、コンテナにfuse2fsパッケージをインストールし、FUSE（fuse2fs）を使ってマウントすることもできます（security.syscalls.intercept.mount.fuse）。

6.7.2.1　IDのシフト

　ここまでの例で、コンテナ内でファイルシステムをマウントしました。実行例では、snapで動くLXDデーモンに対してshiftfs.enableを設定し、コンテナにsecurity.syscalls.intercept.mount.shiftを設定してファイルシステムをマウントしました。

　実は、これらの操作や設定は、Seccomp notifyでファイルシステムをマウントすることには直接関係しない設定です。これらを設定しなくても、コンテナ内でSeccomp notifyを使って、ファイルシステムがマウントできます。

　なぜこの設定を行ったのかというと、コンテナ内でマウントしたファイルシステムを使えるようにするためです。コンテナ内のrootが、コンテナ外ではUID/GIDが1000000のユーザーとマッピングされているので、そのままマウントすると、マウントしたファイルシステム内のファイルやディレクトリーが、すべてUID/GIDがnobody/nogroupのユーザー所有となり、コンテナ内から操作できなくなるからです。

　これらの設定を行うことで、マウントしたファイルシステム内の所有権がrootとなり、コンテナ内で操作できるようになります。

```
root@c1:~# ls -la /mnt
total 22
drwxr-xr-x  3 root root  4096 Sep 17 14:01 .
drwxr-xr-x 18 root root    24 Sep 14 02:15 ..
drwx------  2 root root 16384 Sep 17 12:58 lost+found
```

　ファイルの所有権を、コンテナ内のIDに合わせることを実現している機能は、Ubuntu 20.04では"Shiftfs"と呼ばれる機能、Ubuntu 22.04では"ID mappedマウント"という機能で実現されています。

　これらの機能については、Seccomp notify機能とは関係ないので、本書では詳しく触れません。Shiftfs、ID mappedマウントについては、筆者の連載で詳しく解説していますので、そちらをご覧ください[10]。

　また、ここで紹介したLXDの機能については、公式ドキュメントの「システムコールのインターセプション」ページなどをご覧ください[11]。

6.7.3　参考文献

　Seccomp notifyを理解する上で参考になるサイトを挙げておきます。

・Seccomp Notify - New Frontiers in Unprivileged Container Development][12]
・Seccomp BPF (SECure COMPuting with filters)（kernel文書）[13]

10.https://gihyo.jp/admin/serial/01/linux_containers/0047,https://gihyo.jp/admin/serial/01/linux_containers/0050,https://gihyo.jp/admin/serial/01/linux_containers/0051

11.https://lxd-ja.readthedocs.io/ja/latest/syscall-interception/

12.https://people.kernel.org/brauner/the-seccomp-notifier-new-frontiers-in-unprivileged-container-development

13.https://www.kernel.org/doc/html/latest/userspace-api/seccomp_filter.html

あとがき

　本書は、技術評論社のオンラインメディアである"gihyo.jp"（https://gihyo.jp/）で、2014年から始めた連載「LXCで学ぶコンテナ入門 −軽量仮想化環境を実現する技術」の、セキュリティに関係するテーマで書いた回をベースに、加筆や最新の情報への更新を行い作成した本です。gihyo.jp編集部と担当の小坂さんには、本書の出版について快諾いただきました。ありがとうございました。

　そして今回、インプレスの山城様には「技術の泉シリーズ」からこの本を出版できる機会をいただだきました。ありがとうございます。

　本書は、技術の泉シリーズで出版されている『Linux Container Book』、『Linux Container Book 2』に続く第3巻です。

　本書の元になった連載は2014年に始まっています。本書の内容については、連載で2019年以降に書いた記事をベースにしています。連載での実行例は、執筆時点の環境で実行していました。そこで本書執筆にあたって、実行例は現在使われているディストリビューションの新しいバージョンでの実行例に更新し、更新された機能については新しい情報に更新しました。また、第3章は、本書のために新たに書き起こしました。実行例は、連載から大幅に書き足しました。

　本シリーズの内容自体はすべて、連載や私のブログなどですでに公開したコンテンツを元にしています。連載当時の情報からの更新をするとともに、色々なところに分散している情報をひとまとめにして、私が調べた成果を集大成としてまとめたいと思ったのが、このシリーズを執筆したきっかけです。

　連載開始のころとは違い、今では「コンテナセキュリティ」というタイトルで、コンテナのセキュリティにフォーカスした良書が複数刊行されています。また、この本と同様の情報が色々なところで公開されていると思います。この本とそのようなさまざまな情報をあわせて、みなさまがコンテナの知識をつける助けになればうれしいです。

　本書をきっかけに、Linuxカーネルに実装されているコンテナの基本的な機能に興味を持つ方が増えることを期待しています。

著者紹介

加藤 泰文 （かとう やすふみ）

2009年頃にLinuxカーネルのcgroup機能に興味を持ち、以来Linuxのコンテナ関連の最新情報を追う。2013年から続く勉強会「コンテナ型仮想化の情報交換会」の開催や、lxc-jpプロジェクトでLXC/LXD方面の翻訳を行う。日本発のLinuxディストリビューション「Plamo Linux」のメンテナ。

◎本書スタッフ
アートディレクター/装丁：岡田章志＋GY
編集協力：深水央
ディレクター：栗原 翔
〈表紙イラスト〉
α （あるふぁ）
アニメーター出身の駆け出しイラストレーター。現在は、主に格闘ゲームのファンイベントのイラストなどを描いています。

技術の泉シリーズ・刊行によせて
技術者の知見のアウトプットである技術同人誌は、急速に認知度を高めています。インプレス NextPublishingは国内最大級の即売会「技術書典」（https://techbookfest.org/）で頒布された技術同人誌を底本とした商業書籍を2016年より刊行し、これらを中心とした『技術書典シリーズ』を展開してきました。2019年4月、より幅広い技術同人誌を対象とし、最新の知見を発信するために『技術の泉シリーズ』へリニューアルしました。今後は『技術書典』をはじめとした各種即売会や、勉強会・LT会などで頒布された技術同人誌を底本とした商業書籍を刊行し、技術同人誌の普及と発展に貢献することを目指します。エンジニアの"知の結晶"である技術同人誌の世界に、より多くの方が触れていただくきっかけになれば幸いです。

インプレス NextPublishing
技術の泉シリーズ　編集長　山城 敬

●お断り
掲載したURLは2024年9月1日現在のものです。サイトの都合で変更されることがあります。また、電子版ではURLにハイパーリンクを設定していますが、端末やビューアー、リンク先のファイルタイプによっては表示されないことがあります。あらかじめご了承ください。
●本書の内容についてのお問い合わせ先
株式会社インプレス
インプレス NextPublishing　メール窓口
np-info@impress.co.jp
お問い合わせの際は、書名、ISBN、お名前、お電話番号、メールアドレス に加えて、「該当するページ」と「具体的なご質問内容」「お使いの動作環境」を必ずご明記ください。なお、本書の範囲を超えるご質問にはお答えできないのでご了承ください。
電話やFAXでのご質問には対応しておりません。また、封書でのお問い合わせは回答までに日数をいただく場合があります。あらかじめご了承ください。

●落丁・乱丁本はお手数ですが、インプレスカスタマーセンターまでお送りください。送料弊社負担 てお取り替えさせていただきます。但し、古書店で購入されたものについてはお取り替えできません。

■読者の窓口
インプレスカスタマーセンター
〒101-0051
東京都千代田区神田神保町一丁目105番地
info@impress.co.jp

技術の泉シリーズ
Linux Container Book 3

2024年9月27日　初版発行Ver.1.0（PDF版）

著　者　　加藤 泰文
編集人　　山城 敬
企画・編集　合同会社技術の泉出版
発行人　　高橋 隆志
発　行　　インプレス NextPublishing
　　　　　〒101-0051
　　　　　東京都千代田区神田神保町一丁目105番地
　　　　　https://nextpublishing.jp/
販　売　　株式会社インプレス
　　　　　〒101-0051　東京都千代田区神田神保町一丁目105番地

●本書は著作権法上の保護を受けています。本書の一部あるいは全部について株式会社インプレスから文書による許諾を得ずに、いかなる方法においても無断で複写、複製することは禁じられています。

©2024 Yasufumi Kato. All rights reserved.
印刷・製本　京葉流通倉庫株式会社
Printed in Japan

ISBN978-4-295-60297-2

●インプレス NextPublishingは、株式会社インプレスR&Dが開発したデジタルファースト型の出版モデルを承継し、幅広い出版企画を電子書籍＋オンデマンドによりスピーディで持続可能な形で実現しています。https://nextpublishing.jp/